东北地区跨省河流开发利用与水资源管理系列丛书

拉林河流域

开发利用与水资源管理

主　编　李光华

副主编　陈　伟　贺石良　王晓昕

中国水利水电出版社
www.waterpub.com.cn
·北京·

内 容 提 要

本书是在拉林河流域综合规划、拉林河流域水量分配方案、拉林河生态流量保障实施方案成果的基础上编写而成的。全书包括流域规划篇、水量分配方案篇、生态流量保障实施方案篇,全面梳理了拉林河流域发展现状和存在的问题,研究了流域经济与社会发展对水利的需求,通过完善流域防洪减灾、水资源配置、水生态环境保护、流域综合管理等体系,提出流域水利开发利用及水资源管理的总体布局,制订综合流域治理、开发方案。

本书可供水利(水务)、农业、城建、环境、国土资源、规划设计及相关部门的科研工作者、规划管理人员阅读,也可供水文水资源、水利、生态、环境等相关专业的高校师生参考。

图书在版编目（CIP）数据

拉林河流域开发利用与水资源管理 / 李光华主编
. -- 北京 : 中国水利水电出版社,2023.9
（东北地区跨省河流开发利用与水资源管理系列丛书）
ISBN 978-7-5226-1817-3

Ⅰ. ①拉… Ⅱ. ①李… Ⅲ. ①流域－水资源管理－研究－东北地区 Ⅳ. ①TV213.4

中国国家版本馆CIP数据核字(2023)第185750号

书　　名	东北地区跨省河流开发利用与水资源管理系列丛书 **拉林河流域开发利用与水资源管理** LALIN HE LIUYU KAIFA LIYONG YU SHUIZIYUAN GUANLI
作　　者	主　编　李光华 副主编　陈　伟　贺石良　王晓昕
出版发行	中国水利水电出版社 （北京市海淀区玉渊潭南路1号D座　100038） 网址：www.waterpub.com.cn E-mail：sales@mwr.gov.cn 电话：(010) 68545888（营销中心）
经　　售	北京科水图书销售有限公司 电话：(010) 68545874、63202643 全国各地新华书店和相关出版物销售网点
排　　版	中国水利水电出版社微机排版中心
印　　刷	涿州市星河印刷有限公司
规　　格	170mm×240mm　16开本　12.25印张　194千字
版　　次	2023年9月第1版　2023年9月第1次印刷
印　　数	001—600册
定　　价	**85.00元**

前言

　　拉林河为松花江干流右岸一级支流，发源于张广才岭山脉的老爷岭，行政区划涉及黑龙江省尚志市、五常市、阿城区、双城区以及吉林省舒兰市、榆树市、扶余市，河流全长 450km，流域面积 19923km²，流域多年平均水资源总量为 46.80 亿 m³。拉林河流域土地肥沃、人口密集，是国家重要的商品粮基地。随着流域经济社会的快速发展，流域保护、治理和开发存在一些问题，突出表现在水资源供需矛盾突出、防洪体系不完善、水污染防治形势严峻、流域综合管理能力有待提升等。

　　依据《中华人民共和国水法》等法律法规，按照国务院关于开展流域综合规划编制工作的总体部署，水利部松辽水利委员会同流域内黑龙江省和吉林省有关部门，在深入调研查勘、大量分析研究的基础上，编制完成了《拉林河流域综合规划》。规划以习近平新时代中国特色社会主义思想为指导，全面贯彻党中央决策部署，准确把握新发展阶段、牢固树立新发展理念、着力构建新发展格局，按照习近平总书记"节水优先、空间均衡、系统治理、两手发力"治水思路，将流域保护与治理作为规划优先任务，研究提出了水资源节约、保护、开发、利用和防治水害的总体部署，明确了 2030 年规划控制指标和主要任务，为今后流域高质量发展提供重要依据。在流域规划的基础上，水利部松辽水利委员会组织编制完成了《拉林河流域水量分配方案》《拉林河生态流量保障实施方案》等成果。

　　本书由流域规划篇、水量分配方案篇、生态流量保障实施方案篇组成，共 10 章，李光华、谢艾楠编写第 1 章、第 3 章、第 4 章、第 5 章，贺石良、王晓昕编写第 2 章，陈伟、谢艾楠编写第 6 章，谢艾楠编写第 7 章，李航编写第 8 章，关雪、谢艾楠编写第 9 章，周胜利编写第 10 章。全书由李光华、陈伟、贺石良、王晓昕统稿。

本书在编写过程中得到了马用祥教授的悉心指导，在此特别表示感谢！书中个别内容或存在疏漏，恳请各位读者指正。

作者

2023 年 5 月

目录

流域规划篇

第 1 章

流域规划总论

1.1 流域概况

1.1.1 自然概况

拉林河为松花江干流右岸的一级支流，发源于张广才岭山脉的老爷岭，自东南向西北流经黑龙江省哈尔滨市的尚志市、五常市、阿城区、双城区和吉林省吉林市的舒兰市、长春市的榆树市、松原市的扶余市，于哈尔滨以上 150km 处注入松花江。拉林河河长 450km，其中省界河长265km。拉林河流域位于东经 125°34′～128°34′、北纬 44°00′～45°30′之间，东邻牡丹江流域，北侧为蚂蚁河、阿什河及松花江干流流域，西南与松花江（吉林省段）为邻，流域面积 19923km²，其中黑龙江省流域面积 11222km²，占全流域面积的 56.33%；吉林省流域面积 8701km²，占全流域面积的 43.67%。

拉林河流域河网密集系数为 0.31，河道弯曲系数为 2.0。流域面积大于 500km² 的一级支流有 4 条，分别为左岸的细鳞河、卡岔河、大荒沟和右岸的牤牛河。

拉林河流域地势东南高、西北低，最高为老爷岭，高程为1682.00m，最低为河口，高程为 150.00m。拉林河按地貌和河谷特征分为上游、中游、下游 3 段。

3

拉林河河源至黑龙江省五常市向阳镇为上游段，河长 126.1km。上游流域属张广才岭，地势由东南向西北倾斜，经过低山漫岗过渡到平原，高程在 400.00～1682.00m 之间，支流汇入较多。上游段河谷最宽不足 400m，河道平均比降约为 2.50‰，谷窄流急，属山区河流，河床多为卵砾石。

向阳镇至牤牛河口为中游段，河长 121.4km，此段为丘陵高平原及河谷平原区，地势变缓，高程在 180.00～400.00m 之间，河道平均比降约为 0.33‰，河谷变宽，一般在 2000m，五常市西河谷最宽达 5000m，河道多弯曲，水流缓慢，汛期常泛滥成灾。

牤牛河口以下为下游段，河长 202.5km，河流蜿蜒流向西北，地势平坦，幅员广阔，土质肥沃，为平原区，高程在 150.00～180.00m 之间，河道平均比降约为 0.12‰。下游河道弯曲迂回，宽窄不一，且不稳定，主流常易变迁。背河处沟汊纵横，与主流蜿蜒相通，丰水季节水面相连，枯水期则沟干流断。

拉林河流域能源资源主要有煤炭和天然气，矿产资源中金属类有铁、铜、钼、铅、锌等，非金属类有石英、长石、水晶石、石墨、石棉等。森林以温带针叶阔叶混交次生林为主，针叶林树种主要有红松、鱼鳞云杉、臭冷杉、红皮云杉等，落叶阔叶林树种主要有蒙古栎、白桦、山杨、春榆、紫椴、糠椴等。野生动植物有紫貂、鹿等，以及人参、平贝、黄芪、细辛等珍贵药用植物，还有以木耳、元蘑、黄蘑为主的食用菌和以蕨菜、薇菜、黄花菜为主的山野菜等。

1.1.2　气象水文

1.1.2.1　气象

拉林河流域属中温带大陆性季风气候，冬季较为寒冷，年平均气温在 3℃ 左右，极端最低温 −40.9℃，极端最高温 35.6℃，年积温为 2500～2700℃。多年平均年降水量为 500～800mm，上游大，下游小，降水多集中在 6—8 月，占全年的 70% 以上。年平均蒸发量为 1000～1500mm（20cm 蒸发皿观测值），年日照数 2400～2600h，无霜期 110～140d，土壤最大冻深 2m。

1.1.2.2 水资源量

拉林河流域多年平均地表水资源量为 38.67 亿 m^3，地下水资源量为 14.15 亿 m^3，不重复量为 8.13 亿 m^3，水资源总量为 46.80 亿 m^3。

1.1.2.3 暴雨洪水

拉林河流域大暴雨的天气系统主要是台风和气旋。拉林河上游为黑龙江省暴雨中心之一。流域春汛以融雪为主，夏汛多由暴雨形成。一般夏汛多大于春汛，个别年份相反，夏汛主要发生在 7—8 月。磨盘山水库以上属山区型河流，洪水过程尖瘦，陡涨陡落，洪水过程多为单峰型，一次洪水过程在 7d 左右，洪水总量大多集中在 1～3d 之内。五常站洪水过程一般为多峰型，历史上仅出现一次较大的单峰，一次洪水过程一般为 15d 左右，有时长达 30d。

1.1.2.4 泥沙

根据实测泥沙资料，蔡家沟水文站多年平均含沙量为 0.095kg/m^3，多年平均年输沙量为 58 万 t。输沙量年际变化很大，年输沙量最大年份为 1988 年（257 万 t），最小年份为 2008 年（5 万 t）。拉林河中游五常水文站多年平均侵蚀模数为 30.7t/(km^2 · a)，下游蔡家沟水文站多年平均侵蚀模数为 31.43t/(km^2 · a)。

1.1.2.5 冰情

根据沈家营水文站逐年冰厚及冰情统计资料，拉林河流域一般融冻流冰期最早为 3 月 31 日（1959 年）、最晚为 4 月 20 日（1976 年），结冰流冰期最晚为 12 月 4 日（1963 年）、最早为 10 月 29 日（1976 年），春季流冰期天数为 0～17d，秋季流冰期为 0～26d，封冻天数最长为 159d（1960 年）、最短为 127d（1964 年），最大冰厚为 1.30m（1976 年）、最小冰厚为 0.80m（1959 年）。

1.1.3 经济社会概况

拉林河流域土地肥沃，人口密集，为黑龙江、吉林两省重要的粮食生产基地之一，主要作物是水稻和玉米。流域内有榆树市、扶余市和双城区等优质玉米生产基地，更有闻名全国的五常市粳稻生产基地。据2017 年资料统计，拉林河流域内涉及 7 个市（区），总人口 365.31 万人，GDP 为 771 亿元，农田有效灌溉面积 390.94 万亩。

1.1.4 水利发展状况

（1）水利工程。截至 2017 年，拉林河流域建成大型水库 3 座，中型水库 12 座；干流现状堤防长 382.39km；万亩以上的大中型灌区 34 处；大中型引水工程 4 处，设计引水规模 54m³/s，设计供水能力为 1.83 亿 m³，现状供水量为 1.21 亿 m³；调水工程 1 处，为磨盘山水库供水工程，现状供水量 3.17 亿 m³；地下水井 10021 眼，现状供水量为 10.27 亿 m³。

拉林河流域现状大中型水库情况见表 1.1 - 1。

表 1.1 - 1　　　　　拉林河流域现状大中型水库情况表

地级行政区	水库	所在河流	集水面积/km²	总库容/万 m³	兴利库容/万 m³	防洪库容/万 m³	水库等级	工程任务
哈尔滨市	龙凤山水库	牤牛河	1740	27700	19000	6800	大型	防洪、灌溉
	磨盘山水库	拉林河	1151	52300	32287	3300	大型	防洪、供水、生态
	三股流水库	大石头河	73	1108	620		中型	养鱼、灌溉
长春市	玉皇庙水库	二道河	188	6060	2497	1500	中型	防洪、灌溉、养鱼
	向阳水库	三道河	678	2621	1351	1200	中型	防洪、灌溉、养鱼
	于家水库	四道河	83	3395	1592	1500	中型	防洪、灌溉、养鱼
	苏家岗水库	大荒沟	140	2330	612	500	中型	防洪、灌溉、养鱼
	石塘水库	二道河	114	2448	1231	1140	中型	防洪、灌溉、养鱼
松原市	石碑水库	拉林河	233	3764	2526	1015	中型	防洪、灌溉、养鱼

续表

地级行政区	水库	所在河流	集水面积/km²	总库容/万 m³	兴利库容/万 m³	防洪库容/万 m³	水库等级	工程任务
吉林市	亮甲山水库	卡岔河	618	12600	4500	6160	大型	防洪、除涝、灌溉兼顾旅游、养鱼
	沙河水库	沙河子	103	2550	1765	260	中型	防洪、城市供水兼顾灌溉、养鱼
	响水水库	响水河	76	2300	1230	110	中型	防洪、城市供水为主兼顾灌溉、养鱼
	新安水库	霍伦河	105	1950	1913	800	中型	防洪、灌溉、养鱼
	小城水库	黄泽河	75	1420	1150	300	中型	防洪、灌溉、养鱼
	太平水库	天德河	109	1610	537	50	中型	防洪、灌溉、养鱼
拉林河流域			5486	124156	72811	24635		

（2）防洪。拉林河流域已建成磨盘山、龙凤山和亮甲山3座具有防洪任务的大型水库，集水面积3509km²，防洪库容1.63亿m³。干流及主要支流已建堤防774.81km，防洪能力为5～20年一遇。流域已初步形成了以堤防为基础，大型控制性水利枢纽工程为骨干的防洪工程体系。

（3）水资源利用。2017年拉林河流域总供水量为26.58亿m³，其中流域内供水量为23.41亿m³，向外流域哈尔滨市供水量3.17亿m³。流域现状水资源开发利用程度为57.30%（近5年平均值），其中地表水开发利用程度为51.67%，地下水开发利用程度为76.59%。

2017年流域总用水量为23.41亿m³，其中农业灌溉用水量为20.67亿m³，占总用水量的88.33%。

（4）水资源及水生态保护。拉林河流域水功能区共有36个，总长度为 1504.2km，其中国务院批复的重要江河湖泊水功能区 16 个，总长度为 766km，现状达标 12 个。

（5）水土保持。根据 2017 年全国水土流失动态监测成果，拉林河流域土壤侵蚀面积 4388.85km²，占流域总面积的 22.02％。现状拉林河累计保存水保措施面积 206.48km²。

（6）流域管理。流域依法管水取得有效进展，全面推行河长制湖长制，依法实施取水许可、洪水影响评价类审批等制度，强化河道管理范围内建设项目的管理，水行政执法监督不断增强，水利工程管理体制改革积极推进。

1.1.5 面临的形势

（1）化解水事矛盾、构建和谐社会对供水安全提出新要求。拉林河流域地处松嫩平原中部，是东北地区重要粮食产区和商品粮生产基地之一，在国家粮食安全战略中具有重要地位。为解决用水矛盾，1977 年，黑龙江、吉林两省曾就拉林河水资源开发利用达成一致意见，并形成会议纪要，但由于工程年久失修，造成分水协议执行困难。近几年水田灌溉面积快速增长，用水量进一步增加，省际用水矛盾更加突出，尤其是枯水年的灌溉期，水事纠纷不断。

（2）经济社会快速发展对防洪减灾提出更高要求。拉林河流域洪水灾害频发，现有防洪工程体系能力低，涝区治理进展缓慢。随着流域内经济社会的快速发展、城镇化进程的加快、经济总量的不断扩大，居民生活水平逐年提高，受洪水威胁地区的经济存量、人民财产都有较大提高，对防洪减灾提出更高要求。

（3）生态文明建设对水生态保护与修复提出新要求。流域现状水环境及水生态状况总体较好，但农田灌溉产生的面源污染对流域水质构成威胁，部分城镇污水未达标排放，污染水质，使得水环境及水生态有变差的趋势，局部水生态环境破坏，渔业资源退化。为改善流域内水生态环境质量，维护流域生态系统健康和可持续发展，需要进一步加强流域水生态保护和修复。

（4）全面推行河湖长制对流域管理提出新要求。流域跨地区跨部门协调机制尚不完善，流域管理机构在流域管理中的职责相对单一，水利工程维修养护没有建立完善的保障机制。全面推行河长制湖长制，及时发现解决水资源、河湖、水土保持、水旱灾害防御以及水利工程建设运行管理等方面存在的问题，着力推进水权、水价、水利投融资等重要领域和关键环节的改革攻坚。

1.2 总体规划

1.2.1 指导思想、规划原则及目标

1.2.1.1 指导思想

以习近平新时代中国特色社会主义思想为指导，全面贯彻落实党中央决策部署，紧紧围绕"五位一体"总体布局和"四个全面"战略布局，准确把握新发展阶段、牢固树立新发展理念、着力构建新发展格局，按照习近平总书记"节水优先、空间均衡、系统治理、两手发力"治水思路，将流域保护与治理作为规划优先任务，全面建设节水型社会，加强水资源保护、水生态修复和水环境治理，增强城乡供水保障能力，进一步完善防洪减灾体系，强化流域综合管理，着力保障流域供水安全、防洪安全和生态安全，为流域经济社会高质量发展提供水利支撑与保障。

1.2.1.2 规划原则

（1）坚持以人为本，改善民生。牢固树立以人民为中心的发展思想，从满足人民群众日益增长的美好生活需要出发，着力解决人民群众最关心、最直接、最现实的防洪、供水、水生态环境等问题，提升水安全公共服务均等化水平，不断增强人民群众的获得感、安全感，让拉林河成为造福人民的幸福河，增进民生福祉。

（2）坚持生态保护优先、节水优先。践行绿水青山就是金山银山的理念，尊重自然、顺应自然、保护自然，正确处理好保护与开发的关系，严守生态保护红线，按照"确有需要、生态安全、可以持续"的要求，科学有序开发利用水资源。加强水资源节约和保护，把水资源作为先导性、控制性和约束性要素，约束和规范各类水事行为，实现流域经济社会与生态环境和谐发展。

（3）坚持统筹兼顾、尊重历史。统筹流域上下游、左右岸、各行业综合需求，促进流域区域水利协调发展。尊重历史、立足现状，遵循已有的分水协议，公平、公正地进行水资源配置，兼顾各方水资源权益，合理开发、高效利用水土资源。

（4）坚持依法治水、改革创新。切实履行各级水行政管理职责，加快完善水法规体系，加强水行政执法监督，强化涉水事务依法管理和公共服务能力。深化重点领域改革，建立健全流域管理与区域管理相结合的各项流域管理制度，逐步完善流域议事决策和高效执行机制。

1.2.1.3　规划范围、水平年及目标

1. 规划范围

规划范围为拉林河流域，面积 19923km²，行政区划涉及哈尔滨市、吉林市、长春市和松原市。

2. 规划水平年

现状年 2017 年，规划水平年 2030 年。

3. 规划目标

（1）水资源开发利用。建成完善的水资源合理配置和高效利用体系，城乡供水保证率和应急供水能力进一步提高，农村饮水安全保障程度持续提升，万元国内生产总值用水量和万元工业增加值用水量进一步降低。

（2）防洪减灾。规划期内建成较完善的防洪排涝工程体系，全面提高流域防洪治涝标准，在充分发挥磨盘山水库等大型水库蓄泄调节能力的基础上，使拉林河干流堤防防洪能力达到 10～20 年一遇，完善防洪非工程措施，完成重点中小河流治理，全面完成山洪灾害易发区预警预报体系建设。完成涝区治理面积 182.83 万亩。

（3）水资源及水生态保护。江河湖库水功能区基本实现达标，水功能区水质达标率提高到 95％以上，加强重点生态保护与水源涵养保障区生态环境保护、水源涵养和水土流失防治，强化水生态修复和水污染防治，维护流域良好的水生态环境，建立完善的水资源保护和河湖健康保障体系。

（4）水土保持。2030 年完成水土流失防治面积 2204.1km²，水土流失率控制在 18.9％以内，林草覆盖率达到 42.1％，使耕地和黑土资源得到有效保护。

（5）流域综合管理。完善流域管理与区域管理相结合的体制和机制，建立各方参与、民主协商、科学决策、分工负责的流域议事决策和高效执行机制，加强流域管理能力建设，提高水行政执法、监督监测和信息化水平。

1.2.2　主要控制指标

针对流域治理开发与保护的任务，考虑维护河流健康的要求，规划确定用水总量指标、生态基流指标、用水效率指标和重要断面水质控制目标等为主要控制指标。

1.2.2.1　用水总量指标

《拉林河流域水量分配方案》已获水利部批复，共分配地表水量20.52亿 m³，其中流域调出水量为3.17亿 m³，本流域地表水分配水量为17.35亿 m³。本次规划与《拉林河流域水量分配方案》批复成果一致，流域内到2030年多年平均用水总量不超过26.43亿 m³，其中，本流域地表水用水量为17.35亿 m³，地下水用水量为5.38亿 m³，流域调入水量3.70亿 m³。黑龙江省用水总量不超过13.82亿 m³，吉林省用水总量不超过12.61亿 m³。

1.2.2.2　生态基流指标

河道内生态基流是指能够保证水体的基本功能，维持水体生态情况不持续恶化所需要的最小流量。拉林河流域选取的主要控制断面有磨盘山水库、友谊坝、拉林河出口，按照 Tennant 法计算的生态基流指标见表 1.2－1。

表 1.2－1　　　　　　拉林河生态基流指标　　　　　　单位：m³/s

控制断面	非　汛　期		汛期（6—9月）
	冰冻期（12月至次年3月）	非冰冻期（4—5月、10—11月）	
磨盘山水库	0.50	0.50	0.50
友谊坝	0.50	9.08	9.08
拉林河出口	0.50	11.23	11.23

1.2.2.3　用水效率指标

1．农业

通过灌区节水改造等措施，提高水资源的利用效率。到 2030 年水田灌溉水有效利用系数不低于 0.62。

2．工业

到 2030 年高用水工业万元增加值用水量不高于 $35m^3$，一般工业万元增加值用水量不高于 $10m^3$。

1.2.2.4　重要断面水质控制目标

到 2030 年重要水功能区水质达标率 95%，流域重要断面规划水平年水质控制目标见表 1.2-2。规划期内，若水功能区、控制断面及其目标发生调整，相关指标按照新要求执行。

表 1.2-2　　　　　重要断面规划水平年水质控制目标

序号	断面	所在河流	断面属性	所属省份	水质目标
1	磨盘山水库出口	拉林河	磨盘山水库坝下断面	黑龙江省	Ⅲ
2	兴盛乡	拉林河	省界（黑、吉）	黑龙江省	Ⅲ
3	苗家	拉林河	省界（吉、黑）	黑龙江省	Ⅲ

1.2.3　规划总体布局

根据规划指导思想、原则和目标，按照拉林河流域特点和实际情况，对拉林河流域干流和支流的水资源配置、防洪减灾、水资源与水生态环境保护规划进行总体布局。

（1）拉林河干流。拉林河上游磨盘山水库以上河段为山区段，区域内植被繁茂，森林资源丰富，为松嫩平原东部的绿色屏障、哈尔滨市重要的水源地。该区域宜以维护生态、涵养水源为主，注重防治山洪灾害及水土流失，加强林区天然林保护与管理；根据经济社会发展要求，合理合规开发利用水资源。

磨盘山以下至拉林河河口段逐步由丘陵高平原向河谷平区过渡，地势平坦，幅员广阔，土质肥沃，该区域人口众多，是拉林河流域主要产粮区。该区域规划重点为加快万亩以上灌区的续建配套与节水改造，提高耕地灌溉率，增加粮食产量；通过水资源调蓄工程建设和合理调度，保障城镇供水和农村饮水安全；结合堤防工程建设和河道整治及防洪非工程措施等，对中下游区域进行重点保护；加快治涝工程体系建设，对干流中下游平原低洼地区进行重点治理；加大坡耕地治理力度，预防水土流失，保护耕地资源；逐步开展控制面源污染等保护措施，严格限制污染物排放，保证河流基本生态需水量，维持河流水质稳定。

（2）主要支流。拉林河流域主要支流有牤牛河、卡岔河和细鳞河，其中牤牛河龙凤山水库以下区域为支流水田面积分布最广的地区，应在科学合理调度龙凤山水库的基础上，加大灌区的节水改造力度，实现黑龙江省农田灌溉用水量能够逐年退减；卡岔河流域具有较好的土地资源条件，规划新建松卡灌区，重点建设引松入榆调水工程，提高城乡供水和灌溉用水供水保证率；细鳞河流域应以续建配套、整合舒东灌区为重点，实现水土资源的高效利用。

支流防洪规划应以堤防加高培厚为重点，提高现有堤防防御洪水能力。水土保持方面，该区应以农田防护为主，注重保护耕地和黑土资源、改善流域生态环境，宜建立水土流失综合防治体系，对坡耕地和侵蚀沟进行综合治理。由于支流水田面积范围较广，环境保护方面应以面源污染防治为重点，加快农田退水处理工程建设，加强农业面源污染管理，保障河湖基本生态水量，维持水质持续稳定向好。

第 2 章

流 域 规 划

2.1 防洪减灾

2.1.1 防洪

2.1.1.1 防洪现状及存在问题

1. 历史灾害概述

拉林河干流洪灾发生比较频繁，据资料统计，1909—2017 年，发生洪水灾害 22 次，平均 4.7 年发生一次，其中大水年份有 1932 年、1951 年、1956 年、1960 年、1981 年、1985 年、1989 年、1991 年、1994 年、2002 年、2013 年等。拉林河干流现有堤防大部分是农民出义务工修筑，工程质量较差，断面单薄，而且险工险段较多，洪水泛滥成灾，对本流域的经济发展和人民生命财产造成很大威胁。

1956 年 7—8 月，拉林河流域普遍降雨，其中集中降雨 5 次，流域上游 8 月 6—7 日降雨超过 180mm，致使干支流先后出现洪峰，蔡家沟站 8 月 11 日洪峰流量为 4030m³/s，流域洪灾严重。仅据黑龙江省五常、双城两县统计，农田受灾面积 105 万亩，成灾面积 50 万亩，其中五常县沿河 24 个乡镇 268 个村屯、1.7 万农户受水灾，倒塌房屋 2387 间，堤防决口 8 处，灌溉建筑物被毁 213 座；双城市 16 个乡镇 112 个村屯受灾,堤防决口 13 处。

1989 年洪水在拉林河上游沈家营站洪峰流量为 1420m³/s,中游五常站洪峰流量为 2440m³/s,给五常、双城、舒兰和榆树等市(区)带来严重损失,农田受灾面积 60 万亩,成灾面积 47 万亩,绝产面积达 23 万亩,受淹村屯 419 个、17 万人,造成直接经济损失 12328 万元。

2. 防洪工程现状和险工情况

(1)水库。拉林河流域已建成具有防洪任务的大型水库 3 座,控制流域面积 3509km²,总库容 9.26 亿 m³,其中防洪库容 1.63 亿 m³。

磨盘山水库位于拉林河干流上游黑龙江省五常市沙河子乡沈家营村上游 1.8km 处,距河口 330km,是以哈尔滨市居民生活供水为主,兼向沿线山河、五常等城镇供水,并结合下游防洪、农田灌溉、环境用水等综合利用的大型水利枢纽工程。水库总库容 5.23 亿 m³,防洪库容 0.33 亿 m³,兴利库容 3.23 亿 m³,保护下游五常市、山河屯、向阳镇、沙河子镇等 111 个村屯和 31 万亩农田,承担细鳞河口以上拉林河干流防洪保护区 10~20 年一遇的防洪任务。

龙凤山水库位于拉林河支流牤牛河上游黑龙江省五常市龙凤山乡龙凤山村上游 1.5km 处,是以防洪、灌溉为主,兼顾发电、养鱼等综合利用的大型水利枢纽工程。水库总库容 2.77 亿 m³,防洪库容 0.68 亿 m³,兴利库容 1.90 亿 m³,保护下游黑龙江省、吉林省共 4 个市(区)12 个乡镇共 80 万人和 120 万亩耕地。

亮甲山水库位于拉林河支流卡岔河上游吉林省舒兰市亮甲山乡境内,是以防洪为主,结合灌溉、养鱼等综合利用的大型水利枢纽工程。水库总库容 1.26 亿 m³,防洪库容 0.62 亿 m³,兴利库容 0.45 亿 m³,保护下游榆树、舒兰 2 个市,17 个乡镇、190 个自然屯约 13 万人和 47 万亩耕地。

(2)堤防。截至 2017 年,流域干流及主要支流(包括细鳞河、牤牛河、卡岔河,下同)共建有堤防 71 处,总长 774.81km,其中干流堤防长 382.39km,达标长度 249.90km,达标率 65.4%;主要支流堤防长 392.42km,均未达标。现状堤防防洪能力 5~20 年一遇。

(3)险工险段。拉林河流域干流共有险工险段 83 处、总长 53km,其中黑龙江省 22 处、长 12km,吉林省 61 处、长 41km;主要支流险工险段 122 处、长 161km,其中黑龙江省 17 处、长 14km,吉林省 105 处、长 147km。

拉林河流域现状堤防及险工险段情况详见表 2.1-1。

表 2.1-1　　　拉林河流域现状堤防及险工险段情况表

河流河段		现状堤防长度/km			险工险段数量/处			险工险段长度/km		
		黑龙江	吉林	合计	黑龙江	吉林	合计	黑龙江	吉林	合计
拉林河干流		184.38	198.01	382.39	22	61	83	12	41	53
支流	细鳞河	34.1	24.0	58.1	3	55	58	3	105	108
	牤牛河	110.19		110.19	14		14	11		11
	卡岔河		224.13	224.13		50	50		42	42
	小计	144.29	248.13	392.42	17	105	122	14	147	161
流域合计		328.67	446.14	774.81	39	166	205	26	188	214

3. 存在的主要问题

拉林河流域经过多年努力，虽然建设了一部分防洪工程，在防御洪水灾害中起到了一定作用，但仍然存在以下问题：

（1）现状工程标准低，影响防洪安全。现有堤防断面单薄，顶宽多为 2～5m。部分堤段堤坡坍塌威胁堤防安全。现有穿堤建筑物年久失修，施工质量差，部分布置不合理，汛期排水不畅，给堤防带来安全隐患。

（2）河道险工险段较多。局部河段弯道凹岸深泓线紧贴河岸，造成岸坡淘刷，形成河道险工。部分支流入河口淤积较严重，影响行洪。

（3）中小河流治理基础工作薄弱，防御洪水能力普遍较低；流域山洪灾害频发，给山区人民的生命财产安全带来严重威胁。

（4）防洪非工程措施不完善。洪水预报、预警信息系统建设等有待研究落实；洪水风险管理制度、防洪减灾社会保障制度、洪水评价制度、防洪减灾应急管理制度等建设还不完善；由控制洪水向洪水管理转变的新思路在实际工作中落实得还不够。

2.1.1.2　防洪总体布局

1. 防洪标准

根据拉林河干流及主要支流防洪保护区内人口、耕地面积等经济社会指标，依据《防洪标准》（GB 50201—2014）和《松花江流域防洪规划》（国函〔2008〕14 号），确定防洪标准为 10～20 年一遇，详见表 2.1-2。

表 2.1-2　拉林河流域防洪保护区情况及防洪标准表

河流	保护区名称	地级行政区	县级行政区	堤防名称	规划堤防长度/km	保护范围 面积/km²	保护范围 人口/万人	保护范围 耕地/万亩	规划防洪标准（重现期）/a
拉林河干流	向阳山—细鳞河左岸保护区	吉林市	舒兰	拉林河堤防（舒兰段）	15.89	72.00	1.00	8.4	20
	兴盛保护区	哈尔滨市	五常	兴盛堤防兴盛段	12.79	28.67	0.46	1.5	20
	老山头—团山子保护区			兴盛堤防老山头段	3.45	34.73	0.59	2.1	10
				兴盛堤防团山子段	1.47				
	细鳞河—卡岔河左岸保护区	长春市	榆树	拉林河堤防（细鳞河—卡岔河）	45.00	95.00	1.5	10.5	20
				拉林河堤防（卡岔河—大荒沟）	25.00	92.00	1.75	10.25	20
				卡岔河回水堤（左右岸）	13.00				
				大荒沟回水堤（左右岸）	11.00				
	大荒沟—河口左岸保护区	松原市	扶余	拉林河堤防（大荒沟—河口）	22.60	368.79	5.92	30.09	20
				拉林河堤防蔡家沟段	21.70				
				拉林河堤防弓棚子段	9.19				
				拉林河堤防更新段	17.01				
				拉林河堤防得胜段	17.62				
	杜家至民乐保护区	哈尔滨市	五常	杜家堤防	11.33	242.73	4.47	14.69	20
				文化堤防	8.42				
				安家堤防	13.31				
				民乐堤防	15.99				

续表

河流	保护区名称	地级行政区	县级行政区	堤防名称	规划堤防长度/km	保护范围 面积/km²	保护范围 人口/万人	保护范围 耕地/万亩	规划防洪标准（重现期）/a
	营城子至红旗保护区	哈尔滨市	五常	营城子堤防	20.57	77.20	1.46	4.88	20
				青蒿河堤防（忙牛河回水堤）	8.32				
				红旗堤防	17.11				
				西崀左岸回水堤	3.00				
				西崀右岸回水堤	1.21				
	车家崴子保护区			车家崴子回水堤防（左右岸）	1.65	2.33	0.05	0.26	10
				车家崴子回水堤防（左右岸）	0.55				
拉林河干流	长沟子保护区		双城	长沟子堤防	13.78	15.60	0.85	1.76	20
				陈家崴子堤防	2.39				
	陈家崴子至石家保护区			永发堤防	2.58	48.56	0.18	1.25	10
				石家堤防	3.90				
	车城子保护区			车城子堤防	6.42	10.53	0.60	1.55	20
	山明保护区			山明堤防	5.28	9.13	0.30	1.33	20
	吉利—楼上			吉利堤防	1.60	32.19	1.62	4.65	20
				大半拉城子堤防	2.68				

续表

河流	保护区名称	地级行政区	县级行政区	堤防名称	规划堤防长度/km	保护范围 面积/km²	保护范围 人口/万人	保护范围 耕地/万亩	规划防洪标准(重现期)/a
拉林河干流	吉利—楼上		双城	白土堤防	2.79	32.19	1.62	4.65	20
				红岩堤防	1.82				
				前三家子堤防	2.20				
				后三家子堤防	7.30				
				楼上堤防	5.62				
	谢家保护区		双城	谢家堤防	7.95	8.40	0.80	1.22	20
细鳞河	上营保护区	吉林市	舒兰	细鳞河堤防上营段	4.00	41.36	1.55	3.64	20
	小城保护区	吉林市	舒兰	细鳞河堤防小城段1段	2.00	20.68	0.77	1.82	20
				细鳞河堤防小城段2段	2.00				
	舒兰市城区保护区	吉林市	舒兰	细鳞河堤防城区段1段	4.00	41.36	1.55	3.64	20
				细鳞河堤防城区段2段	4.00				
	长山保护区	哈尔滨市	五常	长山堤防	21.00	219.95	8.22	19.37	20
	水曲柳保护区	吉林市	舒兰	细鳞河堤防水曲柳段	4.00	41.36	1.55	3.64	
	平安保护区	吉林市	舒兰	细鳞河堤防平安段	4.00	41.36	1.55	3.64	
	山河保护区	哈尔滨市	五常	山河堤防	13.10	137.2	5.12	12.08	20

续表

河流	保护区名称	地级行政区	县级行政区	堤防名称	规划堤防长度/km	保护范围面积/km²	保护范围人口/万人	保护范围耕地/万亩	规划防洪标准（重现期）/a
牤牛河	牤牛河左岸保护区	哈尔滨市	五常	光辉堤防	3.30	461.6	8.39	46.15	20
				付大院堤防	15.83				
				刘油坊堤防	1.65				
				余粉房堤防	2.75				
				高水饭堤防	9.80				
				北安屯堤防	3.50				
				周家岗堤防	5.70				
				赫家堤防	6.30				
				孟家店堤防	2.83				
				桃山堤防	1.83				
	牤牛河右岸保护区			榆木桥堤防	6.60	248.67	3.78	23.13	20
				腰刘家堤防	2.00				
				小山子堤防	13.40				
				大烟囱堤防	5.00				
				四道河子堤防	6.50				

河流	保护区名称	地级行政区	县级行政区	堤防名称	规划堤防 长度/km	保护范围 面积/km²	保护范围 人口/万人	保护范围 耕地/万亩	规划防洪标准（重现期）/a
牤牛河	牤牛河右岸保护区	哈尔滨市	五常	三道河子堤防	7.15	248.67	3.78	23.13	20
				烧锅屯堤防	7.05				
	卡岔河左岸保护区	吉林市	舒兰	紫棚堤防	9.00	75	1.19	8.99	20
				卡岔河堤防亮甲山1段	7.10				
卡岔河	卡岔河右岸保护区			卡岔河堤防法特段	16.60	76	1.2	9.09	20
				卡岔河堤防亮甲山2段	2.28				
	卡岔河左岸保护区	长春市	榆树	卡岔河堤防莲花段	21.70	273	4.31	32.63	20
				卡岔河堤防	86.05				
	卡岔河右岸保护区			卡岔河堤防	90.40	286	4.53	34.28	20
干流小计					383.49	1137.86	27.79	131.25	
支流小计					392.42	1963.54	43.71	202.1	
黑龙江省小计					329.77	1577.49	38.41	152.15	
吉林省小计					446.14	1523.91	33.09	181.2	
拉林河流域合计					775.91	3101.4	71.5	333.35	

2. 防洪工程布局

拉林河流域已初步形成以堤防为基础，以磨盘山水库等大型控制性水利枢纽工程为骨干，支流水库调蓄以及其他非工程措施构成的综合防洪工程体系。拉林河干流磨盘山水库坝址至向阳山河段，堤防承担 10 年一遇防洪任务，磨盘山水库承担 10～20 年一遇防洪任务；拉林河干流向阳山以下河段以堤防为主；卡岔河的亮甲山水库防洪库容较小，水库削减洪峰作用较小，卡岔河防洪工程以堤防为主，水库为辅；细鳞河防洪工程以堤防为主；牤牛河的龙凤山水库，削减洪峰作用较小，牤牛河防洪工程目前也是以堤防为主、水库为辅的防洪工程布局。

规划防洪工程的主要内容是加固和新建堤防，对河道险工险段进行治理，进一步提高沿岸防洪保护区的防洪标准。

2.1.1.3 工程规划

1. 堤防工程规划

拉林河干流规划堤防总长 383.49km，其中达标堤防长度 249.9km，加培堤防长度 132.49km，新建堤防长度 1.1km；主要支流规划堤防长度 392.42km，全部在原堤防基础上进行加高培厚。

拉林河干流（吉林省段、黑龙江省段）及主要支流卡岔河、细鳞河均已列入《全国中小河流治理和病险水库除险加固、山洪地质灾害防治、易灾地区生态环境综合治理总体规划》。拉林河流域规划堤防情况详见表2.1-3。

表 2.1-3　　　　拉林河流域规划堤防情况表　　　　单位：km

河流	地级市	堤防名称	现状堤防长度	已达标堤防长度	加培堤防长度	新建堤防长度	规划堤防长度	备注
拉林河干流	吉林市	拉林河堤防（舒兰段）	15.89		15.89		15.89	
	哈尔滨市	兴盛堤防	12.79	12.79			12.79	
		兴盛堤老山头堤防	3.45	3.45			3.45	
		兴盛堤团山子堤防	1.47	1.47			1.47	

河流	地级市	堤防名称	现状堤防长度	已达标堤防长度	加培堤防长度	新建堤防长度	规划堤防长度	备注
拉林河干流	长春市	拉林河堤防（细鳞河—卡岔河）	45		45		45	
		拉林河堤防（卡岔河—大荒沟）	25		25		25	
		卡岔河回水堤（左右岸）	13		13		13	
		大荒沟回水堤（左右岸）	11		11		11	
	松原市	拉林河堤防（大荒沟－河口）	22.6		22.6		22.6	
		拉林河堤防蔡家沟段	21.7	21.7			21.7	
		拉林河堤防弓棚子段	9.19	9.19			9.19	
		拉林河堤防更新段	17.01	17.01			17.01	
	哈尔滨市	拉林河堤防得胜段	17.62	17.62			17.62	
		杜家堤防	11.33	11.33			11.33	
		文化堤防	8.42	8.42			8.42	
		安家堤防	12.21	12.21		1.1	13.31	
		民乐堤防	15.99	15.99			15.99	
		营城子堤防	20.57	20.57			20.57	
		背荫河堤防（牤牛河回水堤）	8.32	8.32			8.32	
		红旗堤防	17.11	17.11			17.11	
		西窑左回水堤	3	3			3	
		西窑右回水堤	1.21	1.21			1.21	
		车家崴子堤防	1.65	1.65			1.65	
		车家崴子回水堤（左右岸）	0.55	0.55			0.55	
		长沟子堤防	13.78	13.78			13.78	
		陈家崴子堤防	2.39	2.39			2.39	
		永发堤防	2.58	2.58			2.58	
		石家堤防	3.9	3.9			3.9	
		车城子堤防	6.42	6.42			6.42	
		山咀堤防	5.28	5.28			5.28	
		吉利堤防	1.6	1.6			1.6	

续表

河流	地级市	堤防名称	现状堤防长度	已达标堤防长度	加培堤防长度	新建堤防长度	规划堤防长度	备注
拉林河干流	哈尔滨市	大半拉城子堤防	2.68	2.68			2.68	
		白土堤防	2.79	2.79			2.79	
		红岩堤防	1.82	1.82			1.82	
		前三家子堤防	2.2	2.2			2.2	
		后三家子堤防	7.3	7.3			7.3	
		楼上堤防	5.62	5.62			5.62	
		谢家堤防	7.95	7.95			7.95	
细鳞河	吉林市	细鳞河堤防上营段	4		4		4	列入"三位一体"13.3km
		细鳞河堤防小城1段	2		2		2	
		细鳞河堤防小城2段	2		2		2	
		细鳞河堤防城区1段	4		4		4	
		细鳞河堤防城区2段	4		4		4	
		细鳞河堤防水曲柳段	4		4		4	
		细鳞河堤防平安段	4		4		4	
	哈尔滨市	长山堤防	21		21		21	
		山河堤防	13.1		13.1		13.1	
牤牛河	哈尔滨市	光辉堤防	3.3		3.3		3.3	
		付大院堤防	15.83		15.83		15.83	
		刘油坊堤防	1.65		1.65		1.65	
		余粉房堤防	2.75		2.75		2.75	
		高水饭堤防	9.8		9.8		9.8	
		北安屯堤防	3.5		3.5		3.5	
		周家岗堤防	5.7		5.7		5.7	
		赫家堤防	6.3		6.3		6.3	
	哈尔滨市	孟家店堤防	2.83		2.83		2.83	
		桃山堤防	1.83		1.83		1.83	

河流	地级市	堤防名称	现状堤防长度	已达标堤防长度	加培堤防长度	新建堤防长度	规划堤防长度	备注
牤牛河	哈尔滨市	榆木桥堤防	6.6		6.6		6.6	
		腰刘家堤防	2		2		2	
		小山子堤防	13.4		13.4		13.4	
		大烟囱堤防	5		5		5	
		四道河子堤防	6.5		6.5		6.5	
		三道河子堤防	7.15		7.15		7.15	
		烧锅屯堤防	7.05		7.05		7.05	
		茶棚堤防	9		9		9	
卡岔河	吉林市	卡岔河堤防亮甲山1段	7.1		7.1		7.1	
		卡岔河堤防法特段	16.6		16.6		16.6	
		卡岔河堤防亮甲山2段	2.28		2.28		2.28	
		卡岔河堤防莲花段	21.7		21.7		21.7	
	长春市	卡岔河堤防（左）	86.05		86.05		86.05	
		卡岔河堤防（右）	90.4		90.4		90.4	
干流		黑龙江省	184.38	184.38	0	1.1	185.48	
		吉林省	198.01	65.52	132.49		198.01	
		小计	382.39	249.9	132.49	1.1	383.49	
支流		黑龙江省	144.29		144.29		144.29	
		吉林省	248.13		248.13		248.13	
		小计	392.42		392.42		392.42	
拉林河流域		黑龙江省	328.67	184.38	144.29	1.1	329.77	
		吉林省	446.14	65.52	380.62		446.14	
		合计	774.81	249.9	524.91	1.1	775.91	

2. 河道整治规划

（1）河道险工险段治理。流域河道险工险段大多处于弯道凹岸顶冲区，深泓线紧贴河岸段，由于迎风顶流、洪水冲刷、河道演变等，导致

25

河岸崩塌。

流域规划新建护岸工程 411.56km，其中干流 120.46km，主要支流 291.10km。拉林河流域规划护岸工程情况详见表 2.1-4。

表 2.1-4　　　　　　拉林河流域规划护岸工程情况表

干（支）流	省	地级市	护岸长度/km
干流	黑龙江	哈尔滨市	79.4
	吉林	吉林市	2.40
		长春市	32.50
		松原市	6.16
	小　计		120.46
支流	黑龙江	哈尔滨市	144.00
	吉林	长春市	24.83
		吉林市	122.27
	小　计		291.10
拉林河流域			411.56

（2）河道清淤。规划重点对主要支流入口河段进行清淤疏浚。本次规划黑龙江省清淤长度 18km，清淤方量 85 万 m^3；吉林省清淤长度 104km，清淤方量 184 万 m^3。拉林河流域河道清淤情况见表 2.1-5。

表 2.1-5　　　　　　　拉林河流域河道清淤情况

所在河流	省	地级市	清淤长度/km	清淤方量/万 m^3
细鳞河	黑龙江	哈尔滨市	8	35
牤牛河			10	50
细鳞河	吉林	吉林市	16	24
卡岔河		长春市	88	160
拉林河流域			121	269

2.1.1.4　中小河流防洪

1. 防洪现状

本次规划所指的中小河流是指除主要支流外，流域面积大于 $200km^2$

的河流。拉林河流域中小河流防洪治理基础工作薄弱，防御洪水能力普遍较弱，大部分河段防洪能力低于 5 年一遇，山丘小河基本不设防。许多中小河流只要遭遇稍大暴雨就会引发灾害。由于中小河流一次水灾的淹没面积较小，淹水历时较短，灾情较分散，往往易被人们忽视。但从全流域范围整体分析，中小河流暴雨集中，突发性强，造成的灾害损失巨大，而且随着拉林河流域经济社会的快速发展，损失程度越来越高。在一般年份，中小河流水灾造成的经济损失占全流域同期水灾损失的 50% 以上。

2. 治理标准

根据人口、城镇、农田防洪保护对象的重要性，确定中小河流防洪标准为 10～20 年一遇。

3. 治理原则

（1）蓄泄结合，以泄为主，综合治理。中小河流治理要以堤防工程为主，有条件的地区可综合利用水库工程，做到蓄泄结合。

（2）堤线布置顺直，堤距合理。堤线布置应结合地形条件，尽量少占耕地，堤距应满足行洪要求。

（3）工程措施与非工程措施相结合。要重视非工程措施建设，切实提高中小河流的防灾能力。

（4）突出重点，分批治理。选择保护区人口密集、保护耕地面积大、洪涝灾害频繁发生、有水事矛盾的跨省河流先行治理。

4. 中小河流治理规划

拉林河流域面积大于 200km² 的河流共 12 条。本次需要治理的中小河流共 6 条，总流域面积 6079km²，分别为黑龙江省境内的大泥河、冲河、小苇沙河、石头河以及吉林省境内的霍伦河、大荒沟，其中大泥河、霍伦河和大荒沟部分河段已列入《全国中小河流治理和病险水库除险加固、山洪地质灾害防治、易灾地区生态环境综合治理总体规划》。

本次中小河流治理河段规划堤防长度 329km，其中加培堤防长度 92km，新建堤防长度 237km；规划护岸长度 113km。堤防建设不能缩窄河道，工程尽量采用生态防护措施。拉林河流域中小河流治理情况见表 2.1－6。

表 2.1-6 拉林河流域中小河流治理情况表

所在河流	地级市	流域面积/km²	现状堤防/km	规划堤防/km	加培堤防长度/km	新建堤防长度/km	规划护岸长度/km	防洪标准(重现期)/a	项目保护		列入"三位一体"治理河长/km
									人口/万人	农田/万亩	
大泥河	哈尔滨市	1976		52		52	3	10～20	1.0	10.2	7.4
冲河	哈尔滨市	950		7		7	4	10～20	1.0	9.5	
小苇沙河	哈尔滨市	433		5		5		10～20	1.1	10.6	
石头河	哈尔滨市	575		3		3	2	10～20	0.5	5.6	
霍伦河	吉林市	1502	30	200	30	170	16	10～20	12.5	56.0	10.0
大荒沟	长春市	643	62	62	62		88	10～20	8.0	30.0	23.0
拉林河流域		6079	92	329	92	237	113		24.0	122.0	40.4

2.1.1.5 山洪灾害防治

1. 概况

(1) 山洪灾害分布。本次规划治理受山洪灾害威胁的小流域 112 个,面积 9335km²,主要分布在黑龙江省境内。其中以泥石流、滑坡为主要灾害的小流域 30 个,面积 2515km²,主要分布在张广才岭山区、牤牛河中下游流域;以溪河洪水为主要灾害的小流域 82 个,面积 6820km²,主要分布在牤牛河上游、大泥河流域、拉林河上游。

(2) 防治现状。拉林河流域防御山洪灾害的能力较薄弱。流域山洪灾害防治区内现有雨量、水文、气象及地质环境点的密度、自动化程度较低,远不能满足山洪监测需要。修建的山洪灾害防治工程设施,数量较少,标准较低,且部分老化失修严重;山丘区大多数村屯对山洪基本上处于不设防状态,灾害预警预报水平及抗御山洪灾害的能力较低。

2. 总体规划思路

总体规划思路为全面规划、统筹兼顾,以防为主、防治结合,标本兼治、综合治理,突出重点、兼顾一般,分期实施、逐步完善。对于重点防治区实行非工程措施与工程措施相结合,一般防治区以非工程措施为主,对于人口较密集、财产集中的小流域,适当布设一些必要的工程措施。

规划总体目标是提出防治山洪灾害的对策措施，减少致灾因素或减缓致灾因素向不利方向演变的趋势，建立和完善减灾体系，提高防御山洪灾害的能力，减少人员伤亡，促进和保障山丘区人口、资源、环境和经济社会的协调发展。

3. 规划内容和防治措施

根据《全国山洪灾害防治规划编制技术大纲》分区标准，将规划治理的 82 个小流域划分为重点防治区和一般防治区，其中重点防治区 73 个，一般防治区 9 个。

山洪灾害防治措施以工程措施与非工程措施相结合。工程措施包括山洪沟、泥石流沟及滑坡治理措施、病险水库除险加固、水土保持等。拉林河流域山洪灾害治理以山洪沟为主，山洪沟治理工程措施包括堤防工程和坡水治理及排洪渠道。

重点防治区规划修建堤防 138km，除险加固小型水库 20 座，开挖坡水沟 7km；一般防治区规划修建堤防 40km。山洪灾害防治工程措施见表 2.1－7。

表 2.1－7 山洪灾害防治工程措施表

防治分区	市（区）	防治区个数	防治区面积/km²	工程措施			
				病险水库加固/座	堤防/km	坡水沟/km	河道整治/km
一级重点防治区	五常市	6	573		12		0.8
	尚志市	5	532		12		
二级重点防治区	五常市	59	5134	20	103	5	
	尚志市	3	442		11	2	
一般防治区	双城区	9	2654		40		

非工程措施包括监测系统、通信系统、预警预报系统建设等。山洪灾害监测站网主要以气象、水文、地质监测站为主，提高对灾害性天气的监测、预警和预报，全面系统地监测山洪灾害防治区域的雨情、水情、泥石流、滑坡等信息。通信系统主要是利用现有防汛无线系统、公用网有线和无线系统、有线和无线电台广播系统、公用网有线电话系统，为防汛指挥调度指令的下达、灾情信息的上传、灾情会商、山洪警报传输

和信息反馈提供通信保障。预警预报系统是根据山洪灾害预报成果，为山洪灾害威胁区的乡村、居民点、学校、工矿企业等提供山洪灾害预防信息保障。根据流域情况，规划新布设雨量站 57 个，其中自动站 26 个、简易站 31 个。

2.1.1.6 防洪非工程措施

（1）建立洪水预报和警报系统。在洪水到达之前利用卫星、雷达和电子计算机把遥测收集到的气象水文数据通过无线电系统传输进行综合处理，准确预报洪峰、洪量、洪水位、流速、洪水到达时间、洪水历时等洪水特征值，密切配合防洪工程进行洪水调度，及时发出警报，通过采取组织抢险和居民撤离等措施以减少洪灾损失。

（2）完善防洪管理。编制洪水风险图，建立洪水风险管理制度。切实加强河道监督管理，加强河道岸线管理，严格履行洪水影响评价类审批制度，规范涉河建设行为。制定合理可行的调度规则，保证流域防洪安全。制定超标准洪水预案，主要包括洪水调度方案、防洪工程抢险方案、重要设施设备避险方案，人员撤离的组织、路线、安置方案，以及各方案启用的条件。

（3）进行救灾与实行洪水保险。依靠社会筹措资金、国家拨款进行救灾。凡参加洪水保险者定期缴纳保险费，在遭受洪水灾害后按规定进行赔偿以迅速恢复生产和保障正常生活。

（4）洪水资源利用。拉林河流域水资源相对丰富，但降水时空分布极不均匀，水旱灾害频繁。流域内河道宽阔，泡沼湿地资源丰富，具备洪水资源利用的条件。

1）充分利用天然泡沼湿地蓄存洪水资源。①利用部分泡沼湿地与河流连通的特点，在堤防工程规划建设中采取一定的工程措施，使洪水进入泡沼湿地，增加洪水资源的利用；②通过排水工程将泡沼湿地周边涝区的涝水引入泡沼湿地。

2）通过优化水库调度提高洪水资源利用率。在洪水预报的基础上，加强水库动态控制汛限水位研究，在不降低水库防洪能力的前提下，使水库多拦蓄汛期内洪水，充分发挥水库的综合利用效益，提高洪水资源利用率。

3）城市雨洪资源利用。通过雨水集流、雨水贮存、管网输送及调蓄等措施，集蓄雨洪资源用于回补地下水、喷洒路面、灌溉绿地等，实现城市雨洪资源的有效利用。

2.1.2 除涝

2.1.2.1 涝区分布及致涝成因

1. 涝区分布

拉林河流域易涝地主要分布在拉林河干流中下游的平原低洼区，总易涝面积 232 万亩，其中 5 万亩以上涝区易涝面积 219 万亩，占总易涝面积的 94.4%。

2. 致涝成因

易涝区分布在河谷两岸的平原低洼区，致涝成因主要与气象、地形、土壤、水文地质等因素有关。流域降雨量多集中在 6—8 月，由于雨水过多，加之平原区地势低平致使地面排泄不畅；流域内多数涝区土壤质地黏重，积水不宜下渗，无排水出路，易造成洪涝灾害；拉林河干流河床两岸地表以下埋藏砂和砂砾石，渗透性强，使河水与两岸地下水连通，丰水期潜水位抬升，土壤处于过饱和状态而造成涝灾。

2.1.2.2 治涝现状及存在的问题

1. 现状

据统计，拉林河流域总易涝面积 232.41 万亩，已治理面积 83.06 万亩，其中 49.58 万亩达到设计治涝标准。涝区现状治理情况见表 2.1-8。

表 2.1-8　　　　　　　涝区现状治理情况　　　　　　单位：万亩

地级市	易涝面积	已治理面积			需治理面积
		合计	3～5 年（含 3 年）	5 年以上（含 5 年）	
哈尔滨市	118.22	66.15	19.38	46.77	71.45
长春市	77.89	16.91	14.1	2.81	75.08
松原市	36.3				36.3
拉林河流域	232.41	83.06	33.48	49.58	182.83

2. 存在的主要问题

（1）工程不配套，抗灾能力低。拉林河流域涝区排水系统基本上是 20 世纪 70—80 年代形成的，田间排水及桥涵等工程不配套，部分涝区实际排水能力达不到设计排涝标准。随着经济发展及粮食单产的提高，涝灾损失将越来越大。

（2）疏于管理，工程老化失修。目前大部分涝区处于无人管理状态，部分桥涵建筑物年久失修，排水渠系淤积堵塞，影响排涝效果。

（3）投资力度小，治理程度低。已有治涝工程体系在减免涝灾方面发挥了重要作用，治理面积占易涝面积的 33.76%，但达标面积只占易涝面积的 20.15%，涝区治理任务仍然艰巨。

2.1.2.3　治理方案

1. 治理原则

（1）坚持综合治理、因地制宜、因害设防的原则，排涝、防洪、改良土壤和调整种植结构等措施相结合。

（2）坚持分区治理、高水高排的原则，以自排为主、强排为辅。

（3）坚持涝区治理与湿地保护并重的原则，保护现有湿地，禁止在湿地保护区内建设排水工程。

（4）对部分低洼地区，通过调整种植结构，发展水田，以稻治涝减少涝灾。

2. 治涝标准

结合拉林河流域经济社会条件，确定涝区治涝标准一般为 5 年一遇，有条件的地区可适当提高标准。

3. 治理规划

拉林河流域涝区治理已达到设计治涝标准的有 49.58 万亩，目前，仍有 182.83 万亩需要治理。规划到 2030 年完成全部涝区治理任务。万亩以上涝区治理规划情况见表 2.1-9。

拉林河流域涝区主要治理措施为：对现有涝区排涝措施进行挖潜配套，完善排水系统，保证各级沟道通畅，同时配套涝区内田间工程。在解决地表排水的同时，对部分土壤黏重、含水量大、地下水位过高的低洼地区，还需通过排渍或以稻治涝措施减少涝灾。

表 2.1－9　　　　　　万亩以上涝区治理规划情况　　　　单位：万亩

地级市	涝区名称	易涝面积	已治理面积			需治理面积
			合计	3～5 年 （含 3 年）	5 年以上 （含 5 年）	
哈尔滨市	南部涝区	77.42	47.49	2.52	44.97	32.45
	拉林涝区	40.80	18.66	16.86	1.80	39.00
长春市	连珠涝区	19.34	16.91	14.10	2.81	16.53
	于青涝区	12.57				12.57
	卡中涝区	9.08				9.08
	新庄涝区	12.80				12.80
	黑保涝区	13.30				13.30
	大荒沟涝区	10.80				10.80
松原市	灰塘沟涝区	13.50				13.50
	骑马屯涝区	3.10				3.10
	张敏涝区	3.60				3.60
	西南岔涝区	4.50				4.50
	河兰涝区	2.70				2.70
	大窑涝区	2.90				2.90
	杨家涝区	2.00				2.00
	四方台涝区	4.00				4.00
黑龙江省		118.22	66.15	19.38	46.77	71.45
吉林省		114.19	16.91	14.1	2.81	111.38
拉林河流域		232.41	83.06	33.48	49.58	182.83

2.2　水资源供需分析与配置

2.2.1　水资源分区与水资源状况

2.2.1.1　水资源分区

拉林河是松花江右岸的一级支流，行政区划涉及 2 个省级行政区、4

个地级行政区。按照《松花江和辽河流域水资源综合规划》中的水资源
分区划分成果，属于水资源四级区。本次规划进一步根据地形地貌、河
流水系、水文站网和水利工程情况等，将拉林河流域划分为 9 个水资源
计算分区。

2.2.1.2　地表水资源量

1. 径流系列代表性分析

拉林河流域五常水文站位于流域中游，具有较长的径流以及降水系
列，选用五常站的 1956—2013 年径流系列，1934—1941 年、1944 年、
1951—2013 年系列进行系列代表性分析，点绘五常站年径流量、年降水
量差积曲线，见图 2.2-1 和图 2.2-2。

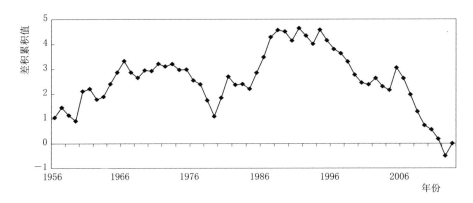

图 2.2-1　五常站年径流系列差积曲线分布图

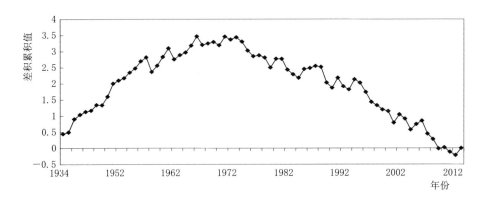

图 2.2-2　五常站年降水量系列差积曲线分布图

从径流差积曲线上可以看出，1956—1965 年为波动的丰水段，1966—1974 年为平水段，1975—1979 年为连续枯水段，1980—1987 年为波动的丰水段，1988—1994 年为平水段，1995—2013 年为波动的枯水段。1956—2013 年的年径流系列包含了较为完整的丰、平、枯两个周期，能够基本反映长系列的径流变化规律。

五常站 1956—2000 年降水系列的均值与 1934—2013 年降水系列的均值比较接近，C_v 值相同。1956—2000 年径流系列的均值和 C_v 与 1956—2013 年径流系列的均值和 C_v 比较接近，具有较好的代表性。1956—2000 年系列作为全国水资源综合规划采用系列，在规划阶段已对其代表性做了充分论证。因此，经综合分析，采用 1956—2000 年作为径流系列代表时段，进行水资源量计算。五常站长短系列参数见表 2.2-1。

表 2.2-1　　　　　五常站长短系列参数比较表

项目	1956—2000 年系列			1956—2013 年（1934—2013 年）径流（降水）系列			差值
	均值	C_v	C_s/C_v	均值	C_v	C_s/C_v	
降水	601.9mm	0.23	2.0	620.3mm	0.23	2.0	−18.4mm
径流	14.2 亿 m³	0.48	2.0	13.4 亿 m³	0.51	2.0	0.8 亿 m³

2. 单站及工程点径流

对牤牛河龙凤山水库、卡岔河亮甲山水库、磨盘山水库、五常站、蔡家沟站进行径流还原计算，得到天然径流系列。用水文比拟法计算友谊拦河坝及拉林河河口天然径流系列。对流域水文站及工程点 1956—2000 年系列进行设计年径流量计算，详见表 2.2-2。线型采用 P-Ⅲ型，C_s/C_v 采用 2.0，计算出各控制断面不同频率下设计年径流量。

表 2.2-2　　　拉林河流域水文站及工程点 1956—2000 年设计年径流量

单站名称	统计参数			设计年径流量/万 m³			
	年均径流量/万 m³	C_v	C_s/C_v	20%	50%	75%	95%
牤牛河龙凤山水库	75532	0.37	2.0	97512	72133	55290	36180
磨盘山水库	55563	0.29	2.0	68453	54007	44006	31949
卡岔河亮甲山水库	5349	0.71	2.0	8109	4483	2557	942

续表

单站名称	统计参数			设计年径流量/万 m³			
	年均径流量/万 m³	C_v	C_s/C_v	20%	50%	75%	95%
五常站	160949	0.41	2.0	212271	152026	112964	69785
蔡家沟站	354088	0.46	2.0	479081	329302	235114	134908
友谊拦河坝	361332	0.44	2.0	483823	338206	245334	145255
拉林河河口	386695	0.45	2.0	520491	360786	259859	151198

3. 地表水资源量

根据 1956—2000 年年径流成果，拉林河流域多年平均地表水资源量为 38.67 亿 m³，其中平原区 10.96 亿 m³，山丘区 27.71 亿 m³，各水资源分区水资源量计算成果见表 2.2 - 3。

表 2.2 - 3　　拉林河流域各水资源分区地表水资源量表

计算分区	地级市	计算面积/km²			地表水资源量/万 m³		
		山丘区	平原区	合计	山丘区	平原区	合计
牤牛河龙凤山水库以上	哈尔滨市	1740	0	1740	75532	0	75532
牤牛河龙凤山水库以下	哈尔滨市	1766	1755	3521	39763	35960	75723
磨盘山水库以上	哈尔滨市	1151	0	1151	55563	0	55563
磨盘山水库以下	哈尔滨市	895	707	1602	18232	12206	30438
	吉林市	200	0	200	5071	0	5071
	长春市	0	128	128	0	1027	1027
细鳞河	哈尔滨市	0	170	170	0	2550	2550
	长春市	0	75	75	0	601	601
	吉林市	2467	0	2467	74656	0	74656
卡岔河亮甲山水库以上	吉林市	618	0	618	5349	0	5349
卡岔河亮甲山水库以下	哈尔滨市	0	60	60	0	600	600
	长春市	0	2517	2517	0	20186	20186
	吉林市	187	398	585	2962	10092	13054
拉林河干流区间友谊坝以下（左）	长春市	0	1224	1224	0	9816	9816
	松原市	0	887	887	0	2476	2476
拉林河干流区间友谊坝以下（右）	哈尔滨市	0	2978	2978	0	14053	14053
拉林河流域		9024	10899	19923	277128	109567	386695

2.2.1.3 地下水资源量

地下水资源量评价范围是浅层地下水,评价期为 1980—2000 年。评价区地下水资源量总计算面积为 1.99 万 km^2,其中山丘区计算面积为 0.90 万 km^2,占流域地下水总计算面积的 45%,平原区 ($M \leqslant 2g/L$) 计算面积为 1.09 万 km^2,占流域地下水总计算面积的 55%。

拉林河流域多年平均地下水资源量为 14.15 亿 m^3,拉林河流域平均地下水可开采量为 8.93 亿 m^3,详见表 2.2 - 4。

表 2.2 - 4   拉林河流域 ($M \leqslant 2g/L$) 多年平均浅层地下水资源量成果

计算分区	地级市	计算面积 /km^2	地下水资源量 /万 m^3	地下水资源量与地表水资源量间重复计算量 /万 m^3	可开采量/万 m^3		
					山丘区	平原区	合计
牤牛河龙凤山水库以上	哈尔滨市	1740	11801	11423	0	0	0
牤牛河龙凤山水库以下	哈尔滨市	3521	26110	14926	0	13948	13948
磨盘山水库以上	哈尔滨市	1151	7807	7556	0	0	0
磨盘山水库以下	哈尔滨市	1602	11763	7218	0	5619	5619
	吉林市	200	967	652	602	0	602
	长春市	128	978	10	0	844	844
细鳞河	哈尔滨市	170	1369	323	0	1351	1351
	长春市	75	573	6	0	495	495
	吉林市	2467	10699	8039	7424	0	7424
卡岔河亮甲山水库以上	吉林市	618	2987	2014	1860	0	1860
卡岔河亮甲山水库以下	哈尔滨市	60	483	114	0	477	477
	吉林市	585	5871	2152	563	2672	3235
	长春市	2517	19946	203	0	16603	16603

续表

计算分区	地级市	计算面积/km²	地下水资源量/万 m³	地下水资源量与地表水资源量间重复计算量/万 m³	可开采量/万 m³		
					山丘区	平原区	合计
拉林河干流区间友谊坝以下（左）	长春市	1224	9847	99	0	8074	8074
	松原市	887	6359	461	0	5115	5115
拉林河干流区间友谊坝以下（右）	哈尔滨市	2978	23980	5654	0	23668	23668
拉林河流域		19923	141539	60851	10449	78866	89315

2.2.1.4 水资源总量

拉林河流域 1956—2000 年多年平均水资源总量 46.80 亿 m³，其中山丘区 28.31 亿 m³，占流域总量的 60.5%；平原区 18.49 亿 m³，占流域总量的 39.5%。从水资源总量的流域分布上来看，牤牛河流域最大，为 16.31 亿 m³；其次为细鳞河流域 8.28 亿 m³。拉林河流域各水资源分区水资源总量成果见表 2.2-5。

表 2.2-5 拉林河流域各水资源分区水资源总量

计算分区	地级市	面积/km²	水资源总量/万 m³		
			山丘区	平原区	合计
牤牛河龙凤山水库以上	哈尔滨市	1740	75912	0	75912
牤牛河龙凤山水库以下	哈尔滨市	3521	40149	47015	87164
磨盘山水库以上	哈尔滨市	1151	55815	0	55815
磨盘山水库以下	哈尔滨市	1602	18428	16659	35087
	吉林市	200	5345	0	5345
	长春市	128	0	2014	2014
细鳞河	哈尔滨市	170	0	3621	3621
	长春市	75	0	1180	1180
	吉林市	2467	78031	0	78031

计算分区	地级市	面积 /km²	水资源总量/万 m³		
			山丘区	平原区	合计
卡岔河亮甲山水库以上	吉林市	618	6195	0	6195
卡岔河亮甲山水库以下	哈尔滨市	60	0	978	978
	吉林市	585	0	39601	39601
	长春市	2517	3217	13418	16635
拉林河干流区间 友谊坝以下（左）	长春市	1224	0	19258	19258
	松原市	887	0	8322	8322
拉林河干流区间 友谊坝以下（右）	哈尔滨市	2978	0	32812	32812
拉林河流域		19923	283092	184877	467970

2.2.2 水资源开发利用现状

2.2.2.1 供水量

2017 年拉林河流域总供水量为 26.58 亿 m³，其中流域内供水量为 23.41 亿 m³，向外流域哈尔滨市供水量为 3.17 亿 m³。2017 年流域内供 水量详见表 2.2－6。

表 2.2－6　　　**2017 年拉林河流域内供水量统计表**　　　单位：万 m³

计算分区	地级市	地表水源供水量				地下水 供水量	总供 水量
		蓄水	引水	提水	小计		
牤牛河龙凤山水库以上	哈尔滨市	266	9091	221	10228	2014	12242
牤牛河龙凤山水库以下	哈尔滨市	40011	16500	5600	62512	13315	75827
磨盘山水库以上	哈尔滨市	871	2503	0	3860	60	3920
磨盘山水库以下	哈尔滨市	6463	19500	1054	26881	8385	35266
	长春市	416	177	3	596	824	1420
	吉林市	75	1041	23	1139	186	1325
	小计	6954	20718	1080	28615	9395	38010

计算分区	地级市	地表水源供水量				地下水供水量	总供水量
		蓄水	引水	提水	小计		
细鳞河	哈尔滨市	1150	1900	521	3031	5026	8057
	长春市	265	104	2	371	483	854
	吉林市	5711	12844	286	18841	2112	20953
	小计	7125	14848	809	22242	7621	29863
卡岔河亮甲山水库以上	吉林市	3244	3218	72	6534	576	7110
卡岔河亮甲山水库以下	哈尔滨市	46	0	0	46	0	46
	长春市	11	1075	57	1143	16200	17343
	吉林市	3538	3046	68	6652	545	7197
	小计	3595	4121	125	7841	16745	24586
拉林河干流区间友谊坝以下（左）	长春市	183	690	28	901	3196	4097
	松原市	4752	2247	329	7328	3938	11266
	小计	4935	2937	357	8229	7134	15363
拉林河干流区间友谊坝以下（右）	哈尔滨市	4527	9432	501	13837	13330	27167
黑龙江省		53334	58926	7897	120395	42130	162525
吉林省		18194	24442	868	43504	28060	71564
拉林河流域		71528	83368	8765	163899	70190	234089

2.2.2.2 用水量

2017 年流域总用水量为 23.41 亿 m³，其中农业灌溉用水量为 20.97 亿 m³，工业用水量为 0.61 亿 m³，城镇公共用水量为 0.38 亿 m³，居民生活用水量为 0.94 亿 m³，牲畜用水量为 0.45 亿 m³，生态环境用水量为 0.06 亿 m³，详见表 2.2-7。

2.2.2.3 现状水资源开发利用分析

拉林河流域现状水资源开发利用程度为 57.30%，其中地表水资源开发利用程度为 51.67%，地下水资源开发利用程度为 76.59%，流域水资源开发利用程度相对较高，详见表 2.2-8。

表 2.2－7　　　　　　2017 年拉林河流域用水量统计表　　　　单位：万 m³

计算分区	地级市	农业	工业	城镇公共		居民生活		牲畜	生态环境	合计
				建筑业	服务业	城镇	农村			
牤牛河龙凤山水库以上	哈尔滨市	11426	21	0	6	9	92	681	7	12242
牤牛河龙凤山水库以下	哈尔滨市	73362	642	3	51	83	912	683	91	75827
磨盘山水库以上	哈尔滨市	3405	0	0	3	0	5	501	6	3920
磨盘山水库以下	哈尔滨市	31847	1138	135	606	633	571	275	61	35266
	长春市	1334	0	1	1	2	55	22	5	1420
	吉林市	1246	12	0	0	0	25	42	0	1325
	小计	34427	1150	136	607	635	651	338	66	38010
细鳞河	哈尔滨市	7525	175	1	11	83	229	23	10	8057
	长春市	784	17	10	6	19	5	13	0	854
	吉林市	17706	868	89	173	772	461	616	268	20953
	小计	26015	1060	100	190	874	695	651	278	29863
卡岔河亮甲山水库以上	吉林市	6851	19	2	5	6	94	108	25	7110
卡岔河亮甲山水库以下	哈尔滨市	0	0	0	0	0	1	44	1	46
	长春市	15613	31	10	55	685	888	5	56	17343
	吉林市	6645	8	1	2	2	86	450	3	7197
	小计	22258	39	11	57	687	975	499	60	24586
拉林河干流区间友谊坝以下（左）	长春市	2752	19	5	28	706	360	188	39	4097
	松原市	9641	483	5	5	73	306	725	28	11266
	小计	12393	502	10	33	779	666	913	67	15363
拉林河干流区间友谊坝以下（右）	哈尔滨市	19551	2632	19	2594	585	1603	127	56	27167
黑龙江省		147116	4608	158	3271	1393	3413	2334	232	162525
吉林省		62572	1457	123	275	2265	2280	2168	424	71564
拉林河流域		209688	6065	281	3546	3658	5693	4502	656	234089

表 2.2 - 8　　　　　拉林河流域现状水资源开发利用程度

地 表 水			地 下 水			水资源总量		
供水量 /亿 m³	水资源量 /亿 m³	开发利用程度 /%	供水量 /亿 m³	可开采量 /亿 m³	开发利用程度 /%	供水量 /亿 m³	水资源总量 /亿 m³	开发利用程度 /%
19.98	38.67	51.67	6.84	8.93	76.59	26.82	46.80	57.30

注　1. 现状供水量包含磨盘山水库引水调出水量。

　　2. 现状供水量采用近 5 年平均值。

2.2.3　水资源节约

2.2.3.1　节水措施

1. 农业

拉林河流域农业用水占总用水量的 88.33%，农田灌溉是节水的重点行业。

农业节水的总体要求是：优化农业结构和种植结构，大力发展现代高效节水农业；运用工程、农艺、生物和管理等综合节水措施，提高水的利用效率。

（1）进一步加大现有灌区的节水改造力度，加强灌区水源及渠首工程的改造，加强大中型灌区渠道防渗、建筑物维修、机电设备更新等，提高渠系水有效利用系数。

（2）加大田间配套节水改造力度，平整土地，合理规划畦田规格，大力推广管道输水、喷灌、微灌、膜下滴灌等技术，改进沟畦灌，提高田间水有效利用系数。通过蓄水保墒等旱作物节水技术及调整、改良作物种植品种等措施实现旱作节水。

（3）改革灌区管理体制，加强用水定额管理，推广节水灌溉制度，完善灌区计量设施。改革用水管理体制，合理调整农业用水价格，改革农业供水水费计收方式，逐步实行计量收费，增强农民节水意识。

通过采取上述综合节水措施，预计流域 2030 年水田灌溉水有效利用系数可以提高到 0.62。

2. 工业

工业节水的总体要求是：严格限制建设高耗水和高污染工业项目，

大力推广节水工艺、技术和设备，鼓励节水技术开发和节水设备、器具的研制，加强企业内部循环用水管理，提高水的重复利用率，降低新鲜水取用量，通过市场机制和经济手段等，调动用水户的节水积极性。

（1）加强建设项目水资源论证和取水许可管理，进一步健全企业水平衡测试机制；严格实行新建、改扩建工业项目"三同时""四到位"制度，即工业节水设施必须与工业主体工程同时设计、同时施工、同时投入使用，用水计划到位、节水目标到位、节水措施到位、管水制度到位。

（2）制定行业用水定额和节水标准，对用水户进行目标管理和考核，促进生产技术升级、工艺改造、设备更新，逐步淘汰耗水大、技术落后的工艺设备。

3. 城镇生活

城镇生活节水的总体要求是：加快供水管网技术改造，全面推行节水型用水器具。

（1）加快供水管网改造，加强管网漏失监测，从源头防止或减少跑冒滴漏，降低管网漏失率。

（2）全面推行节水型用水器具，逐步淘汰耗水量大、漏水严重的老式器具，提高生活用水效率。

（3）加强全民节水教育，增强全民节水意识，利用世界水日、中国水周等积极开展广泛深入的节水宣传活动，增强全社会的水资源忧患意识和节约意识。

2.2.3.2　节水潜力分析

目前，拉林河流域用水浪费现象仍然比较严重，尤其是农业灌溉用水效率较低，与国内外先进水平相比差距明显，节水潜力较大。现状年农田灌溉水有效利用系数为 0.52，远低于发达国家 0.7～0.8 的平均水平；万元工业增加值用水量为 $25m^3$，为发达国家的 1～2 倍；工业用水虽然有重复利用，但与发达国家 75%～85% 的工业用水重复利用水平有一定差距；城镇生活供水管网综合漏失率与国内节水水平较高地区相比仍有一定差距。

随着流域经济社会的进一步发展，采取灌区续建配套及节水改造、新建灌区渠道防渗及衬砌、城镇供水管网节水改造以及发展高效节水灌溉等强化节水措施后，到 2030 年流域可实现节水量 9.59 亿 m³，其中节水潜力最大的行业为农业。规划水平年多年平均情况下节水潜力见表 2.2 - 9。

表 2.2 - 9　　　　　规划水平年多年平均情况下节水潜力表

规划水平年	现状节水措施及水平/万 m³			强化节水措施/万 m³			节水量/万 m³		
	合计	农业	工业、建筑业及第三产业	合计	农业	工业、建筑业及第三产业	合计	农业	工业、建筑业及第三产业
2030	380134	334639	45495	284265	269558	14707	95869	65081	30788

注　农业包括水田、水浇地、菜田、林果地和鱼塘等 5 类。

2.2.4　需水预测

2.2.4.1　经济社会发展指标预测

综合考虑国家有关部门对中长期经济社会发展形势的分析和预测成果，预测本次规划经济社会发展主要指标。

1. 人口及城镇化进程预测

拉林河流域基准年全区总人口为 365 万人，其中城镇人口 97 万人，到 2030 年人口将达到 413 万人，在人口增长的同时，城镇化进程发展较快，基准年拉林河流域城镇化率为 26.61%，到 2030 年，城镇人口将达到 171 万人，城镇化率将达到 41.36%。

2. 国民经济发展指标预测

流域基准年 GDP 为 771 亿元，根据流域近几年 GDP 和各县市经济增长趋势，综合考虑流域国民经济发展远景，预测 2030 年 GDP 为 2288 亿元。

3. 农业发展指标预测

拉林河流域是黑龙江省和吉林省主要的产粮区，同时也是我国的重要粮食生产基地之一，随着国家粮食市场放开及经营主体多元化以及国家商品粮基地建设战略的实施，流域灌溉面积总体呈增加趋势，本次规划结合拉林河流域水资源条件，遵循"以供定需"的原则，预测拉林河流域 2030 年农田有效灌溉面积 540.58 万亩，其中水田 417.40 万亩，水浇地 98.17 万亩，菜田 25.01 万亩。拉林河流域农业发展指标预测详见表 2.2 - 10。

表 2.2－10　　　　　拉林河流域农业发展指标预测

计算分区	地级行政区	水平年	农田有效灌溉面积/万亩				林果地/万亩	草场/万亩	鱼塘/万亩
			水田	水浇地	菜田	小计			
牤牛河龙凤山水库以上	哈尔滨市	基准年	16.62	0	0	16.62	0.44	1.48	1.61
		2030 年	16.62	0	0	16.62	0.64	2.18	1.61
牤牛河龙凤山水库以下	哈尔滨市	基准年	104.45	0	3.52	107.97	0.44	1.49	1.62
		2030 年	112.93	0	4.37	117.3	0.64	2.19	1.62
磨盘山水库以上	哈尔滨市	基准年	5.70	0	0	5.70	0.32	1.09	1.19
		2030 年	5.70	0	0	5.70	0.47	1.60	1.19
磨盘山水库以下	哈尔滨市	基准年	43.25	0	2.32	45.57	0.18	0.60	0.65
		2030 年	43.25	2.22	2.89	48.35	0.26	0.88	0.65
	长春市	基准年	3.33	0.12	0.04	3.49	0.01	0	0
		2030 年	2.65	0.75	0.25	3.65	0.03	0	0.13
	吉林市	基准年	6.00	0.67	0.23	6.89	0.02	0	0.09
		2030 年	4.00	0.12	0.05	4.18	0.01	0	0
	小计	基准年	52.58	0.79	2.59	55.96	0.21	0.60	0.74
		2030 年	49.90	3.09	3.19	56.18	0.30	0.88	0.78
细鳞河	哈尔滨市	基准年	14.65	0	1.59	16.24	0.01	0.05	0.05
		2030 年	14.65	0	1.98	16.63	0.02	0.07	0.05
	长春市	基准年	1.06	0.39	0.13	1.59	0.01	0	0.05
		2030 年	1.26	0.44	0.15	1.85	0.02	0	0.08
	吉林市	基准年	20.27	1.54	0.47	22.28	0.08	0	0
		2030 年	32.40	1.54	0.62	34.56	0.12	0	0
	小计	基准年	35.99	1.93	2.20	40.12	0.11	0.05	0.11
		2030 年	48.31	1.98	2.75	53.04	0.16	0.07	0.13
卡岔河亮甲山水库以上	吉林市	基准年	5.18	0.38	0.12	5.68	0.01	0	0
		2030 年	5.18	0.38	0.16	5.72	0.01	0	0
卡岔河亮甲山水库以下	哈尔滨市	基准年	2.75	0	0.37	3.12	0	0.01	0.01
		2030 年	2.75	0	0.47	3.22	0.01	0.02	0.01

计算分区	地级行政区	水平年	农田有效灌溉面积/万亩				林果地/万亩	草场/万亩	鱼塘/万亩
			水田	水浇地	菜田	小计			
卡岔河亮甲山水库以下	长春市	基准年	34.34	4.35	1.88	40.57	0.50	0	1.89
		2030 年	61.07	7.17	4.89	73.13	0.70	0	2.68
	吉林市	基准年	5.45	0.36	0.11	5.92	0.01	0	0
		2030 年	6.24	0.36	0.15	6.75	0.02	0	0
	小计	基准年	42.54	4.71	2.37	49.62	0.52	0.01	1.90
		2030 年	70.06	7.54	5.50	83.1	0.73	0.02	2.69
拉林河干流区间友谊坝以下（左）	长春市	基准年	5.24	14.70	6.80	26.74	0.21	0	0.79
		2030 年	25.10	15.62	2.38	43.1	0.29	0	1.12
	松原市	基准年	14.07	11.42	2.35	27.84	0.13	0.22	0
		2030 年	51.50	48.64	2.80	102.94	0.19	0.33	0
	小计	基准年	19.31	26.12	9.15	54.58	0.34	0.22	0.79
		2030 年	76.60	64.26	5.18	146.04	0.48	0.33	1.12
拉林河干流区间友谊坝以下（右）	哈尔滨市	基准年	32.10	19.51	3.09	54.71	0.08	0.28	0.30
		2030 年	32.10	20.93	3.85	56.88	0.12	0.41	0.30
黑龙江省	哈尔滨市	基准年	219.52	19.51	10.90	249.93	1.47	5.00	5.44
		2030 年	228.00	23.15	13.56	264.70	2.16	7.35	5.43
吉林省	长春市	基准年	43.98	19.56	8.85	72.39	0.73	0	2.73
		2030 年	90.08	23.98	7.67	121.73	1.04	0	4.01
	吉林市	基准年	36.90	2.95	0.93	40.78	0.12	0	0.09
		2030 年	47.82	2.40	0.98	51.21	0.16	0	0
	松原市	基准年	14.07	11.42	2.35	27.84	0.13	0.22	0
		2030 年	51.50	48.64	2.80	102.94	0.19	0.33	0
	小计	基准年	94.95	33.93	12.13	141.01	0.99	0.22	2.83
		2030 年	189.40	75.02	11.45	275.88	1.39	0.33	4.01
拉林河流域		基准年	314.47	53.45	23.03	390.94	2.46	5.22	8.27
		2030 年	417.40	98.17	25.01	540.58	3.55	7.68	9.44

2.2.4.2 规划水平年用水定额

1. 工业用水定额

工业用水按照高用水工业、一般工业分类，用水定额以万元增加值用水量计。基准年万元工业增加值用水量为 $25m^3$，随着节水措施的深入，工业产业结构调整力度的加大，工业用水定额具有下降的空间。

拉林河流域 2030 年万元工业增加值用水量为 $13m^3$。工业用水重复利用率由基准年的 62% 提高到 2030 年的 84%，高用水工业万元增加值用水量由 $50m^3$ 降到 $35m^3$，一般工业万元增加值用水量由 $20m^3$ 降到 $10m^3$。

2. 建筑业和第三产业用水定额

建筑业和第三产业用水定额均以万元增加值用水量计。由于第三产业和建筑业需水用户门类众多，许多用水部门（产品）用水定额的统计口径和计量单位均不统一，根据实地典型区调查分析预测确定，2030 年建筑业和第三产业万元增加值用水量分别为 $10m^3$ 和 $3m^3$。

3. 生活用水定额

随着流域城乡居民生活水平的提高，城乡居民生活定额预计呈增长态势，2030 年城镇居民生活用水毛定额为 131L/（人·d），比基准年增长 28L/（人·d），2030 年农村居民生活用水毛定额为 85L/（人·d），比基准年增长 27L/（人·d）。

拉林河流域生活、工业、建筑业和第三产业用水毛定额详见表 2.2-11。

表 2.2-11 拉林河流域生活、工业、建筑业和第三产业用水毛定额

省份	水平年	生活用水毛定额 /[L/（人·d）]		工业用水毛定额 /（m³/万元）		建筑业用水毛定额 /（m³/万元）	第三产业用水毛定额 /（m³/万元）
		城镇居民	农村居民	高用水工业	一般工业		
黑龙江省	基准年	95	68	28	12	20	26
	2030 年	130	81	27	9	10	3
吉林省	基准年	109	48	60	13	14	8
	2030 年	131	89	41	10	2	3
拉林河流域	基准年	103	58	50	20	28	19
	2030 年	131	85	35	10	10	3

4. 农业灌溉定额（75%）

流域水田毛定额预计从基准年的 745m³/亩降到 2030 年的 624m³/亩，基准年水浇地毛定额为 162m³/亩，预计 2030 水平年降为 148m³/亩。

流域基准年水田灌溉水有效利用系数为 0.52，到 2030 年水田灌溉水有效利用系数提高到 0.62。拉林河流域农业用水定额情况见表 2.2-12。

表 2.2-12　　　　　　　　拉林河流域农业用水定额表

省	水平年	农田灌溉毛定额/(m³/亩)						水田灌溉水有效利用系数	林牧渔毛定额/(m³/亩)		
		50%			75%						
		水田	水浇地	菜田	水田	水浇地	菜田		林果地	草场	鱼塘
黑龙江省	基准年	691	115	257	746	121	262	0.51	162	253	284
	2030 年	542	97	185	613	115	226	0.63	139	236	269
吉林省	基准年	679	148	305	741	185	366	0.52	177	333	349
	2030 年	541	110	185	637	159	252	0.61	146	251	335
拉林河流域	基准年	687	136	282	745	162	317	0.52	168	256	306
	2030 年	541	107	185	624	148	238	0.62	142	236	297

2.2.4.3　需水量预测

1. 河道外需水量

河道外需水主要包括城乡居民、工业、农业和建筑、服务业等经济社会各行业的需水，以及城市绿化等人工生态环境的需水。本次规划需水预测按照总量控制、定额管理、高效科学、合理可行、生态良好的原则，强化用水需求管理，严格控制需求过快增长。按照经济社会发展指标以及采取强化节水措施后的用水定额和效率指标测算，2030 年拉林河流域河道外多年平均总需水量为 30.13 亿 m³，比基准年需水量增加 3.51 亿 m³。生活、生产、生态需水量分别为 1.57 亿 m³、28.43 亿 m³、0.13 亿 m³。拉林河流域河道外各行业需水量见表 2.2-13～表 2.2-15。

表 2.2－13　　　　拉林河流域河道外城乡需水量表

计算分区	地级行政区	水平年	生活/万 m³		工业/万 m³			城镇公共/万 m³		生态/万 m³
			城镇	农村	一般工业	高用水工业	火核电	建筑业	第三产业	
牤牛河龙凤山水库以上	哈尔滨市	基准年	9	92	18	3	0	0	6	7
		2030 年	13	117	15	3	0	2	6	90
牤牛河龙凤山水库以下	哈尔滨市	基准年	83	912	475	167	0	3	51	91
		2030 年	114	1156	545	229	0	114	170	175
磨盘山水库以上	哈尔滨市	基准年	0	5	0	0	0	0	3	6
		2030 年	1	7	0	0	0	0	0	59
磨盘山水库以下	哈尔滨市	基准年	633	571	932	206	0	135	606	61
		2030 年	1357	479	1023	213	0	132	430	63
	长春市	基准年	2	55	0	0	0	1	1	5
		2030 年	0	50	0	0	0	0	0	23
	吉林市	基准年	0	25	9	3	0	0	0	0
		2030 年	6	115	9	4	0	1	1	22
	小计	基准年	635	651	942	208	0	136	607	66
		2030 年	1363	643	1032	217	0	133	431	108
细鳞河	哈尔滨市	基准年	83	229	148	27	0	1	11	10
		2030 年	119	295	134	28	0	17	56	21
	长春市	基准年	19	5	10	7	0	10	6	0
		2030 年	43	8	73	32	0	4	8	15
	吉林市	基准年	772	461	430	295	143	89	173	268
		2030 年	1276	610	1408	555	280	26	520	140
	小计	基准年	874	695	575	342	143	100	190	278
		2030 年	1439	913	1615	615	280	47	585	176

续表

计算分区	地级行政区	水平年	生活/万 m³		工业/万 m³			城镇公共/万 m³		生态/万 m³
			城镇	农村	一般工业	高用水工业	火核电	建筑业	第三产业	
卡岔河亮甲山水库以上	吉林市	基准年	6	94	15	4	0	2	5	25
		2030 年	11	190	18	7	0	0	7	41
卡岔河亮甲山水库以下	哈尔滨市	基准年	0	1	0	0	0	0	0	1
		2030 年	0	1	0	0	0	0	0	1
	长春市	基准年	685	888	20	11	0	10	55	56
		2030 年	1817	855	1759	779	0	99	199	184
	吉林市	基准年	2	86	6	2	0	1	2	3
		2030 年	5	174	7	3	0	0	3	23
	小计	基准年	687	975	39	0	0	11	57	60
		2030 年	1822	1030	1767	782	0	99	201	208
拉林河干流区间友谊坝以下（左）	长春市	基准年	706	360	10	9	0	5	28	39
		2030 年	485	1765	814	361	0	46	92	117
	松原市	基准年	73	306	84	399	0	5	5	28
		2030 年	1010	397	153	1137	0	8	192	204
	小计	基准年	779	666	94	408	0	10	33	67
		2030 年	1495	2161	968	1498	0	54	284	321
拉林河干流区间友谊坝以下（右）	哈尔滨市	基准年	585	1603	1978	654	0	19	2594	56
		2030 年	1904	1325	1519	895	0	14	557	131
拉林河	黑龙江省	基准年	1393	3413	3552	1056	0	158	3271	232
		2030 年	3507	3379	3236	1368	0	279	1219	540
	吉林省	基准年	2265	2280	586	729	143	123	275	424
		2030 年	4653	4163	4242	2879	280	183	1021	768
	合计	基准年	3658	5693	4137	1785	143	281	3546	656
		2030 年	8161	7543	7478	4247	280	462	2240	1308

表 2.2－14　　拉林河流域农业需水量

计算分区	地级行政区	水平年	农田灌溉/万 m³								林牧渔/万 m³			牲畜/万 m³
			50%				75%				林果地	草场	鱼塘	
			水田	水浇地	菜田	小计	水田	水浇地	菜田	小计				
忙牛河龙凤山水库以上	哈尔滨市	基准年	11830	0	0	11830	12742	0	0	12742	126	452	459	681
		2030 年	9000	0	0	9000	10121	0	0	10121	89	514	434	1243
忙牛河龙凤山水库以下	哈尔滨市	基准年	74344	0	96	74439	80078	0	115	80193	76	402	460	683
		2030 年	61153	0	809	61961	68765	0	989	69754	89	515	435	1246
磨盘山水库以上	哈尔滨市	基准年	4057	0	0	4057	4370	0	0	4370	19	312	337	501
		2030 年	3087	0	0	3087	3471	0	0	3471	65	378	319	914
磨盘山水库以下	哈尔滨市	基准年	30284	0	564	30848	32658	0	577	33235	11	61	185	275
		2030 年	23421	215	534	24170	26337	351	653	27341	36	207	175	501
	长春市	基准年	1143	15	194	1353	1211	21	257	1489	2	0	16	22
		2030 年	1391	96	49	1536	1630	136	66	1832	5	0	44	65
	吉林市	基准年	1147	2	74	1222	1214	3	94	1310	0	0	0	42
		2030 年	2113	16	10	2140	2473	23	13	2510	1	0	0	74
	小计	基准年	32574	17	832	33422	35083	24	927	36034	13	61	201	338
		2030 年	26926	327	593	27846	30440	510	732	31682	42	207	219	640
细鳞河	哈尔滨市	基准年	10427	0	53	10480	11232	0	64	11296	1	5	15	23
		2030 年	7933	0	367	8300	8921	0	448	9370	3	17	15	42

续表

计算分区	地级行政区	水平年	农田灌溉/万 m³								林牧渔/万 m³			牲畜/万 m³
			50%				75%				林果地	草场	鱼塘	
			水田	水浇地	菜田	小计	水田	水浇地	菜田	小计				
细鳞河	长春市	基准年	670	9	114	793	709	13	150	872	1	0	9	13
	长春市	2030 年	662	56	29	746	775	80	38	893	3	0	26	38
	吉林市	基准年	14143	22	907	15071	15472	32	657	16161	6	0	0	616
	吉林市	2030 年	17118	203	123	17444	20034	288	165	20487	19	0	0	1096
	小计	基准年	25240	31	1074	26344	27413	44	871	28329	8	5	25	651
	小计	2030 年	25713	259	518	26490	29730	368	652	30749	25	17	40	1176
卡岔河亮甲山水库以上	吉林市	基准年	3543	6	227	3775	3751	8	290	4048	0	0	0	108
	吉林市	2030 年	2737	51	31	2818	3203	72	41	3316	1	0	0	192
	哈尔滨市	基准年	1957	0	0	1957	2108	0	0	2108	0	1	4	44
	哈尔滨市	2030 年	1489	0	86	1575	1675	0	106	1780	1	4	3	79
卡岔河亮甲山水库以下	长春市	基准年	22483	2294	821	25598	25809	2421	1047	29276	39	0	625	5
	长春市	2030 年	32062	912	961	33935	37558	1299	1289	40146	100	0	899	10
	吉林市	基准年	3354	5	215	3574	3550	8	274	3832	1	0	0	450
	吉林市	2030 年	3297	48	29	3374	3858	68	39	3966	3	0	0	1336
	小计	基准年	27794	2300	1036	31129	31468	2428	1321	35217	41	0	628	499
	小计	2030 年	36848	960	1077	38885	43091	1368	1433	45892	104	4	903	1424

续表

计算分区	地级行政区	水平年	农田灌溉/万 m³ 50%				农田灌溉/万 m³ 75%				林牧渔/万 m³			牲畜/万 m³
			水田	水浇地	菜田	小计	水田	水浇地	菜田	小计	林果地	草场	鱼塘	
拉林河干流区间友谊坝以下（左）	长春市	基准年	11933	143	858	12935	12224	205	1254	13683	116	0	335	188
		2030 年	14678	487	468	15632	17437	830	627	18893	42	0	375	557
	松原市	基准年	6097	2520	288	8906	6450	3575	412	10437	8	75	0	725
		2030 年	28348	6419	419	35186	33726	9097	607	43429	28	83	0	775
	小计	基准年	18031	2664	1146	21840	18674	3780	1666	24120	125	75	335	913
		2030 年	41525	8406	887	50818	49162	11927	1233	62322	70	83	375	1332
拉林河干流区间友谊坝以下（右）	哈尔滨市	基准年	18717	2252	2085	23054	20610	2360	2102	25072	5	28	85	127
		2030 年	17383	2034	712	20129	20547	2314	871	23732	17	96	81	231
拉林河	黑龙江省	基准年	151616	2252	2797	156665	163798	2360	2858	169016	239	1262	1545	2334
		2030 年	123467	2249	2507	128223	139837	2665	3067	145568	300	1732	1463	4255
	吉林省	基准年	64513	5016	3697	73226	70391	6284	4434	81109	175	75	985	2168
		2030 年	102405	8288	2119	112811	120694	11894	2885	135472	203	83	1344	4143
	合计	基准年	216129	7268	6494	229892	234189	8644	7292	250125	413	1337	2530	4502
		2030 年	225872	10537	4626	241035	260530	14558	5952	281040	502	1815	2807	8398

表 2.2－15　　　　　　拉林河流域多年平均河道外需水量

计算分区	地级行政区	水平年	生活/万 m³	生产/万 m³		生态/万 m³	合计/万 m³
				城镇	农村		
牤牛河龙凤山水库以上	哈尔滨市	基准年	101	27	13890	7	14025
		2030 年	130	27	11700	90	11947
牤牛河龙凤山水库以下	哈尔滨市	基准年	995	696	78219	91	80001
		2030 年	1269	1057	67169	175	69671
磨盘山水库以上	哈尔滨市	基准年	5	3	5344	6	5358
		2030 年	8	0	4908	59	4975
磨盘山水库以下	哈尔滨市	基准年	1204	1879	32274	61	35418
		2030 年	1836	1797	26278	63	29975
	长春市	基准年	57	2	1443	5	1507
		2030 年	50	0	1760	22	1831
	吉林市	基准年	25	12	1297	0	1334
		2030 年	120	15	2354	23	2513
	小计	基准年	1286	1893	35014	66	38259
		2030 年	2006	1812	30392	108	34319
细鳞河	哈尔滨市	基准年	312	187	10831	10	11340
		2030 年	414	235	8778	21	9449
	长春市	基准年	24	33	846	0	903
		2030 年	51	117	868	15	1051
	吉林市	基准年	1233	1130	16101	268	18732
		2030 年	1887	2789	19700	140	24516
	小计	基准年	1569	1350	27777	278	30974
		2030 年	2352	3142	29346	176	35016
卡岔河亮甲山水库以上	吉林市	基准年	100	26	3986	25	4137
		2030 年	202	32	3198	41	3473
卡岔河亮甲山水库以下	哈尔滨市	基准年	1	0	2063	1	2065
		2030 年	1	0	1739	1	1741

计算分区	地级行政区	水平年	生活/万 m³	生产/万 m³		生态/万 m³	合计/万 m³
				城镇	农村		
卡岔河亮甲山水库以下	长春市	基准年	1573	96	27647	56	29372
		2030 年	2671	2836	37274	184	42966
	吉林市	基准年	88	11	4122	3	4224
		2030 年	179	13	4935	23	5150
	小计	基准年	1662	107	33832	60	35661
		2030 年	2852	2849	43948	208	49857
拉林河干流区间友谊坝以下（左）	长春市	基准年	1066	52	13855	39	15012
		2030 年	2249	1313	17830	117	21509
	松原市	基准年	379	493	10288	28	11188
		2030 年	1407	1490	39163	204	42264
	小计	基准年	1445	545	24143	67	26200
		2030 年	3656	2803	56993	321	63773
拉林河干流区间友谊坝以下（右）	哈尔滨市	基准年	2188	5245	24056	56	31545
		2030 年	3229	2985	21904	131	28248
拉林河流域	黑龙江省	基准年	4806	8037	166677	232	179752
		2030 年	6887	6101	142476	540	156005
	吉林省	基准年	4545	1855	79585	424	86409
		2030 年	8817	8605	127082	768	145272
	合计	基准年	9351	9892	246262	656	266161
		2030 年	15703	14707	269558	1308	301276

2. 河道内生态流量

根据《水工程规划设计生态指标体系与应用指导意见》（水总环移〔2010〕248 号），采用 1956—2000 年 45 年系列友谊坝、拉林河出口天然流量，按照 Tennant 法年平均流量的 10％计算拉林河的生态基流，其中磨盘山水库生态基流按照 2009 年批复《磨盘山水库水资源论证报告书》的 0.5m³/s 计算。拉林河流域各控制断面生态基流计算成果见表 2.2－16。

表 2.2 - 16   拉林河流域各控制断面生态基流计算成果   单位：m³/s

控制断面	非 汛 期		汛期 （6—9 月）
	冰冻期 （12 月至次年 3 月）	非冰冻期 （4—5 月、10—11 月）	
磨盘山水库	0.50	0.50	0.50
友谊坝	0.50	9.08	9.08
拉林河出口	0.50	11.23	11.23

2.2.5 水资源供需分析

2.2.5.1 基准年供需分析

基准年供需分析是在现状工程条件下，按照现状经济社会发展水平、合理的用水水平和节水水平测算，扣除现状供水中不合理开发的水量。

拉林河流域基准年多年平均总需水量为 26.62 亿 m³，多年平均总供水量为 22.99 亿 m³，基本满足河道内、河道外用水需求。拉林河流域基准年多年平均供需分析成果见表 2.2 - 17。

表 2.2 - 17   拉林河流域基准年多年平均供需分析成果

计算分区	地级 行政区	需水量/万 m³				供水量/万 m³			缺水量 /万 m³
		生活	生产	生态	小计	地表水	地下水	小计	
牤牛河 龙凤山 水库以上	哈尔滨市	101	13917	7	14025	10286	2014	12300	1725
牤牛河 龙凤山 水库以下	哈尔滨市	995	78915	91	80001	56468	13315	69783	10218
磨盘山 水库以上	哈尔滨市	5	5347	6	5358	4840	60	4900	458
磨盘山 水库以下	哈尔滨市	1204	34153	61	35418	20927	8385	29312	6106
	长春市	57	1445	5	1507	503	824	1327	180
	吉林市	25	1309	0	1334	914	186	1100	234
	小计	1286	36907	66	38259	22344	9395	31739	6520

计算分区	地级行政区	需水量/万 m³				供水量/万 m³			缺水量/万 m³
		生活	生产	生态	小计	地表水	地下水	小计	
细鳞河	哈尔滨市	312	11018	10	11340	4174	5026	9200	2140
	长春市	24	879	0	903	17	483	500	403
	吉林市	1233	17231	268	18732	14363	2112	16475	2257
	小计	1569	29127	278	30974	18554	7621	26175	4799
卡岔河亮甲山水库以上	吉林市	100	4012	25	4137	2844	576	3420	717
卡岔河亮甲山水库以下	哈尔滨市	1	2063	1	2065	1682	0	1682	383
	长春市	1573	27743	56	29372	9446	16200	25646	3726
	吉林市	88	4133	3	4224	3255	545	3800	424
	小计	1662	33939	60	35661	14383	16745	31128	4533
拉林河干流区间友谊坝以下（左）	长春市	1066	13907	39	15012	9904	3196	13100	1912
	松原市	379	10781	28	11188	7012	3938	10950	238
	小计	1445	24688	67	26200	16916	7134	24050	2150
拉林河干流区间友谊坝以下（右）	哈尔滨市	2188	29301	56	31545	13070	13330	26400	5145
拉林河流域	黑龙江省	4806	174714	232	179752	111447	42130	153577	26175
	吉林省	4545	81440	424	86409	48258	28060	76318	10090
	合计	9351	256154	656	266161	159705	70190	229895	36266

2.2.5.2 规划水平年供需分析

1. 规划主要供水工程

规划供水工程共计 5 处，其中中型水库 2 座，流域内引水工程 1 处，流域外调水工程 2 处。

规划建设的中型水库为干棒河水库和小苇沙河水库。干棒河水库位于干棒河河口以上 67km，集水面积 700km²，总库容 3123 万 m³，工程建设主要任务是灌溉和为舒兰市供水。小苇沙河水库位于小苇沙河中游，集水面积 280km²，总库容 3040 万 m³，兴利库容 1660 万 m³，工程建设主要任务是灌溉。规划建设的中型水库特征参数详见表 2.2 - 18。

表 2.2 - 18   规划建设的中型水库特征参数

序号	地级市	项目名称	所在河流	工程任务	规模	集水面积/km²	死水位/m	正常蓄水位/m	兴利库容/万 m³	总库容/万 m³	备注
1	吉林市	干棒河水库	干棒河	灌溉、供水	中型	700	291.00	298.00	2827	3123	列入《松花江流域综合规划》
2	哈尔滨市	小苇沙河水库	小苇沙河	灌溉	中型	280	230.00	235.00	1660	3040	

（1）流域内引水工程 1 处。沙河水库二期引水工程从拉林河支流细鳞河引水至沙河水库，取水口在细鳞河上小城乡南杨村南 0.8km 处，工程任务是供水。该引水工程的取水枢纽由导流堤、橡胶拦河坝、进水闸、冲沙闸组成，引水线路总长 11.863km，设计引水流量 4.0m³/s，最大引水流量 8.0m³/s，多年平均引水量为 2579 万 m³。沙河水库位于舒兰市舒郊乡春田村，细鳞河右岸一级支流沙河下游，距舒兰市 6km，水库总库容 2550 万 m³，控制流域面积 102.8km²，是以防洪、供水为主，结合灌溉、养鱼等综合利用的中型水利枢纽工程。引水后经沙河水库调节可以向舒兰市供水 2546 万 m³，保证设计水平年舒兰市的城市供水和灌溉要求。

流域外调入工程 2 处，为引松济拉工程（引松入扶、引松入榆），多年平均引调水量为 3.70 亿 m³。

（2）引松入扶：从松花江吉林省段引水到拉林河流域扶余市，取水口位于松花江吉林省段右岸乌金屯，工程任务为农业灌溉以及扶余市、陶濑昭、新源等城镇生活和工业供水。工程年供水 1.00 亿 m³，其中农业 0.76 亿 m³，城镇 0.24 亿 m³。工程由乌金屯提水泵站、1 条输水干线、6 个分水口和 1 座净水厂组成。乌金屯提水泵站扬程 71m，设计引水流量为 4.69m³/s，输水线路总长 37km。

（3）引松入榆：从松花江吉林省段引水到榆树市和拉林河流域的卡岔河，取水口位于松花江吉林省段右岸大于乡，工程任务是供水和灌溉。榆树市引水工程包括取水工程、输水工程、净水工程、配水工程，设计取水量 0.46 亿 m^3，线路长 30km。卡岔河流域灌区引水工程包括渠首泵站、引水主干渠、交叉建筑物、引水分干渠，规划引水量 2.24 亿 m^3，输水线路长 26km。

此外，未来黑龙江省哈尔滨市双城区继续发展农业灌溉，可研究"引松入拉"工程，即利用哈尔滨市万家灌区的现有渠首万家泵站扩建，通过两次加压提水到海旺村，向双城区农业灌溉供水的可能性和可行性；随着哈尔滨城市发展进一步水质性缺水情况下，可研究龙凤山水库增容以及"引牤济西"工程，即龙凤山水库向西泉眼水库引调水的可能性和可行性。

2. 2030 年供需分析

拉林河流域 2030 年多年平均总需水量 30.13 亿 m^3。2030 年多年平均供水量达到 26.43 亿 m^3，基本满足河道内、河道外用水需求。拉林河流域 2030 年多年平均供需分析计算成果表 2.2-19。

2.2.6 水资源配置方案

2.2.6.1 配置原则

（1）先节水后开源。首先坚持节水优先，充分挖掘节水潜力，提高水资源利用效率和效益；其次修建水资源调蓄工程。地下水配置遵循浅层地下水不超采、深层地下水不开采的原则。

（2）以水而定，量水而行。国民经济布局和产业结构要充分考虑流域水资源条件，综合考虑经济社会发展和生态环境对水资源的需求，保障河道内最小生态用水，努力实现人与自然和谐共处。

（3）用水总量控制。流域两省地表水配置量按用水总量分配指标控制。

2.2.6.2 水资源配置成果

规划水资源配置方案以采取强化节水措施的水资源供需分析成果为基础，按照河流生态环境用水要求进行断面水量控制，对水资源在经济

表 2.2 – 19　拉林河流域 2030 年多年平均供需分析计算成果表

计算分区	地级市	需水量/万 m³						供水量/万 m³				缺水量/万 m³
		生活	工业	农业	生态	小计	地表水	其中调入	地下水	小计	
忙牛河龙凤山水库以上	哈尔滨市	130	27	11700	90	11947	11342	0	0	11342	605
忙牛河龙凤山水库以下	哈尔滨市	1269	1057	67169	175	69671	46812	0	15162	61974	7696
磨盘山水库以上	哈尔滨市	8	0	4908	59	4975	4942	0	0	4942	32
磨盘山水库以下	哈尔滨市	1836	1797	26278	63	29975	20908	0	8355	29263	712
	长春市	120	15	1760	22	1917	883	0	571	1454	463
	吉林市	50	0	2354	23	2427	1932	0	114	2046	381
	小计	2006	1812	30392	108	34319	23723	0	9040	32763	1556
细鳞河	哈尔滨市	414	235	8778	21	9449	6744	0	1341	8085	1364
	长春市	51	117	868	15	1051	584	0	223	807	244
	吉林市	1887	2789	19700	140	24516	21492	0	1403	22895	1621
	小计	2352	3142	29346	176	35016	28820	0	2967	31787	3229
卡岔河亮甲山水库以上	吉林市	202	32	3198	41	3473	2963	0	351	3314	158

计算分区	地级市	需水量/万 m³					供水量/万 m³				缺水量/万 m³
		生活	工业	农业	生态	小计	地表水	其中调入	地下水	小计	
卡岔河亮甲山水库以下	哈尔滨市	1	0	1739	1	1741	534	0	314	848	893
	长春市	2671	2836	37274	184	42966	33990	27000	5000	38990	3976
	吉林市	179	13	4935	23	5150	4488	0	611	5099	51
	小计	2852	2849	43948	208	49857	39012	27000	5925	44937	4920
拉林河干流区间友谊坝以下（左）	长春市	2249	1313	17830	117	21509	13210	0	5700	18910	2599
	松原市	1407	1490	39163	204	42264	28756	10000	3836	32592	9672
	小计	3656	2803	56993	321	63773	41966	10000	9536	51502	12271
拉林河干流区间友谊坝以下（右）	哈尔滨市	3229	2985	21904	131	28248	10960	0	10799	21759	6489
拉林河流域	黑龙江省	6887	6101	142476	540	156005	102243	0	35971	138214	17790
	吉林省	8817	8605	127082	768	145272	108297	37000	17810	126107	19165
	合计	15703	14707	269558	1308	301276	210540	37000	53781	264321	36956

社会系统和生态系统之间、不同用水行业之间、不同水源之间及不同区域、流域之间进行合理调配，使得水资源配置格局与经济社会发展及生态环境保护的要求相协调。

1. 经济社会用水与生态环境用水配置

2030 年拉林河流域多年平均配置河道外经济社会用水量 26.43 亿 m^3，对应的水资源消耗量为 22.57 亿 m^3，主要用于居民生活、工业发展、农业灌溉和改善生态环境。同时，向外流域调出水量 3.17 亿 m^3。配置给生态系统留用水量为 21.05 亿 m^3，河道内生态环境用水要求能够得到保障。

2. 主要用水行业水量配置

2030 年拉林河流域河道外配置水量为 26.43 亿 m^3，其中生活用水为 1.57 亿 m^3、工业用水为 1.44 亿 m^3、农业用水为 23.29 亿 m^3、河道外生态环境用水为 0.13 亿 m^3，分别占配置水量的 5.94%、5.45%、88.12%、0.49%。

3. 供水水源配置

2030 年地表水配置量 21.05 亿 m^3，地下水配置量 5.38 亿 m^3，未来增加的配置水量以地表水为主。拉林河流域不同水平年多年平均水量配置成果见表 2.2 – 20。

4. 跨流域供水量配置

现状调出工程 1 处，为磨盘山水库引水工程，多年平均调出水量为 3.17 亿 m^3。2030 年规划调入工程 2 处，引松入扶、引松入榆，统称引松济拉工程，多年平均调水量为 3.70 亿 m^3。引松济拉工程过程详见表 2.2 – 21。

2.2.6.3 配置成果分析

拉林河流域多年平均情况下地表水资源量为 38.67 亿 m^3。规划 2030 年流域内本地地表水资源配置量为 17.35 亿 m^3，考虑向外流域调出水量 3.17 亿 m^3（磨盘山水库引水工程）和外流域调入水量 3.70 亿 m^3（引松济拉工程）的影响，本流域地表水资源开发利用程度为 53.07%。拉林河流域地下水可开采量为 8.93 亿 m^3，规划 2030 年流域内地下水资源配置水量为 5.38 亿 m^3，地下水资源开发利用程度为 60.22%，详见表 2.2 – 22。

表2.2-20 拉林河流域不同水平年多年平均水量配置成果表

计算分区	地级行政区	水平年	用水部门/万m³				按水源分/万m³			合计/万m³	调出/万m³
			生活	工业	农业	生态	地表水	其中调入	地下水		
忙牛河龙凤山水库以上	哈尔滨市	基准年	101	27	12165	7	10286	0	2014	12300	0
		2030年	130	26	11101	85	11342	0	0	11342	0
忙牛河龙凤山水库以下	哈尔滨市	基准年	995	696	68001	91	56468	0	13315	69783	0
		2030年	1269	1037	59495	173	46812	0	15162	61974	0
磨盘山水库以上	哈尔滨市	基准年	5	3	4886	6	4840	0	60	4900	0
		2030年	8	0	4875	59	4942	0	0	4942	0
磨盘山水库以下	哈尔滨市	基准年	1204	1879	26168	61	20927	0	8385	29312	31680
		2030年	1836	1797	25566	63	20908	0	8355	29263	31680
	长春市	基准年	57	2	1263	5	503	0	824	1327	0
		2030年	120	15	1297	22	883	0	571	1454	0
	吉林市	基准年	25	12	1063	0	914	0	186	1100	0
		2030年	50	0	1973	23	1932	0	114	2046	0
小计		基准年	1286	1893	28494	66	22344	0	9395	31739	31680
		2030年	2006	1812	28837	108	23723	0	9040	32763	31680

续表

计算分区	地级行政区	水平年	用水部门/万 m³				按水源分/万 m³			合计/万 m³	调出/万 m³
			生活	工业	农业	生态	地表水	其中调入	地下水		
细鳞河	哈尔滨市	基准年	312	187	8691	10	4174	0	5026	9200	0
		2030 年	414	235	7415	21	6744	0	1341	8085	0
	长春市	基准年	24	33	443	0	17	0	483	500	0
		2030 年	51	117	623	15	584	0	223	807	0
	吉林市	基准年	1233	1130	13844	268	14363	0	2112	16475	0
		2030 年	1887	2575	18302	131	21492	0	1403	22895	0
	小计	基准年	1569	1350	22978	278	18554	0	7621	26175	0
		2030 年	2352	2927	26340	168	28820	0	2967	31787	0
卡岔河亮甲山水库以上	吉林市	基准年	100	26	3269	25	2844	0	576	3420	0
		2030 年	202	29	3044	39	2963	0	351	3314	0
卡岔河亮甲山水库以下	哈尔滨市	基准年	1	0	1680	1	1682	0	0	1682	0
		2030 年	1	0	846	1	534	0	314	848	0
	长春市	基准年	1573	96	23921	56	9446	0	16200	25646	0
		2030 年	2671	2836	33305	178	33990	27000	5000	38990	0
	吉林市	基准年	88	11	3698	3	3255	0	545	3800	0
		2030 年	179	12	4887	21	4488	0	611	5099	0
	小计	基准年	1662	107	29299	60	14383	0	16745	31128	0
		2030 年	2852	2848	39037	200	39012	27000	5925	44937	0

续表

计算分区	地级行政区	水平年	用水部门/万 m³				按水源分/万 m³			合计/万 m³	调出/万 m³
			生活	工业	农业	生态	地表水	其中调入	地下水		
拉林河干流区间友谊坝以下（左）	长春市	基准年	1066	52	11943	39	9904	0	3196	13100	0
		2030年	2249	1313	15231	117	13210	0	5700	18910	0
	松原市	基准年	379	493	10050	28	7012	0	3938	10950	0
		2030年	1407	1490	29491	204	28756	10000	3836	32592	0
	小计	基准年	1445	545	21993	67	16916	0	7134	24050	0
		2030年	3656	2803	44722	321	41966	10000	9536	51502	0
拉林河干流区间友谊坝以下（右）	哈尔滨市	基准年	2188	5245	18911	56	13070	0	13330	26400	0
		2030年	3229	2963	15437	130	10960	0	10799	21759	0
拉林河流域	黑龙江省	基准年	4806	8037	140502	232	111447	0	42130	153577	31680
		2030年	6887	6059	124735	534	102243	0	35971	138214	31680
	吉林省	基准年	4545	1855	69494	424	48258	0	28060	76318	0
		2030年	8817	8387	108153	750	108297	37000	17810	126107	0
	合计	基准年	9351	9892	209996	656	159705	0	70190	229895	31680
		2030年	15703	14446	232888	1284	210540	37000	53781	264321	31680

表 2.2-21　　　　　引松济拉工程 2030 年引水过程　　　　　单位：万 m³

工程	1 月	2 月	3 月	4 月	5 月	6 月	7 月	8 月	9 月	10 月	11 月	12 月	合计
引松入扶	29	29	29	35	1675	2160	2160	2160	1635	29	29	29	10000
引松入榆	481	481	481	502	3045	6834	5182	5182	3096	751	481	481	27000
合计	510	510	510	537	4720	8994	7342	7342	4731	780	510	510	37000

表 2.2-22　　　　拉林河流域水资源配置成果分析表

水平年	水资源量/万 m³		地下水可开采量/万 m³	配置供水量/万 m³				调出/万 m³	地表水资源开发利用程度/%	地下水资源开发利用程度/%	水资源开发利用程度/%
	地表水	总量		地表水	其中调入	地下水	合计				
现状	386695	467970	89315	168120		68413	236533	31680	51.67	76.59	57.31
2030 年				210540	37000	53781	264321		53.07	60.22	55.35

注　1. 地表水资源开发利用程度＝（地表水供水量＋调出－调入）/地表水资源量。
　　2. 现状年供水量采用近五年均值。

已批复的《拉林河流域水量分配方案》成果中，2030 年多年平均地表水总分配水量为 20.52 亿 m³，其中流域调出的水量为 3.17 亿 m³，本流域地表水分配水量为 17.35 亿 m³。本次规划 2030 年多年平均地表水配置量为 21.05 亿 m³，其中调入 3.7 亿 m³，本流域地表水分配水量为 17.35 亿 m³。与《拉林河流域水量分配方案》成果一致。

2.3　水资源开发利用

2.3.1　城乡供水规划

2.3.1.1　供水现状及存在问题

1. 城镇供水

2017 年全流域内城镇总人口为 97.21 万人，国内生产总值为 441.397 亿元，实际总用水量为 1.42 亿 m³，其中生活、生产、生态分别为 0.36 亿 m³、0.99 亿 m³、0.06 亿 m³。城镇现状经济社会指标及用水量见表 2.3-1。

表 2.3-1　　　　城镇现状经济社会指标及用水量统计表

计算分区	经济社会发展指标		用水量/万 m³			
	人口/万人	国内生产总值/万元	生活	生产	生态	合计
牤牛河龙凤山水库以上	0.27	13495	9	27	7	43
牤牛河龙凤山水库以下	2.34	358449	83	696	91	870
磨盘山水库以上	0	15428	0	3	6	9
磨盘山水库以下	14.92	564915	635	1893	66	2594
细鳞河	23.19	1292732	874	1350	278	2502
卡岔河亮甲山水库以上	0.24	15788	6	26	25	57
卡岔河亮甲山水库以下	31.00	138952	687	107	60	854
拉林河干流区间友谊坝以下（左）	4.91	156105	779	545	67	1391
拉林河干流区间友谊坝以下（右）	20.35	1858106	585	5245	56	5886
黑龙江省	40.18	2905251	1393	8037	232	9662
吉林省	57.03	1508720	2265	1855	424	4544
拉林河流域	97.21	4413970	3658	9892	656	14206

城镇供水主要问题有 3 方面：①现有供水能力不足，现状城镇居民生活用水水平较低；②城镇供水设备老化、陈旧，管网漏失率较高；③水资源利用效率不高，节水水平较低，尚未开发中水回用和雨水利用等非常规水资源利用工程。

2. 农村生活供水

2017 年流域内现有农村人口 268 万人，居民生活用水量为 0.57 亿 m³，目前面临的主要问题有两个方面：①部分平原区地下水氟、铁、锰等水质超标，供水设施缺乏水质净化处理工艺；②山丘区供水设施不健全，有些村屯直接取用河水、坑塘水、浅层地下水，取水距离远，用水不方便，供水保证率低。

2.3.1.2　城镇供水规划

以保障城镇供水安全为目标，在推进节水型社会建设的同时，多渠道开辟水源，加快城市应急水源工程建设，切实提高城市供水保证率；加强水源管理保护，确保饮用水卫生安全。

规划建设中型水库干棒河水库以及引松济拉（引松入扶、引松入榆）工程和沙河水库二期引水工程。

预测 2030 年，流域城镇供水量由基准年的 1.42 亿 m³ 增加到 2.42 亿 m³，增加 1.00 亿 m³，其中新增地表水 1.02 亿 m³，地下水减少 0.02 亿 m³。不同水平年城镇多年平均供需平衡分析见表 2.3-2。

表 2.3-2　　不同水平年城镇多年平均供需平衡分析

计算分区	水平年	需水量/万 m³	供水量/万 m³			缺水量/万 m³
			地表水	地下水	合计	
牤牛河龙凤山水库以上	基准年	43	42	1	43	0
	2030 年	130	130	0	130	0
牤牛河龙凤山水库以下	基准年	870	566	304	870	0
	2030 年	1346	867	479	1346	0
磨盘山水库以上	基准年	9	8	0	8	1
	2030 年	60	59	0	59	1
磨盘山水库以下	基准年	2594	1155	1395	2550	44
	2030 年	3283	715	2556	3271	12
细鳞河	基准年	2502	1038	1464	2502	0
	2030 年	4757	3569	1188	4757	0
卡岔河亮甲山水库以上	基准年	57	20	37	57	0
	2030 年	84	42	42	84	0
卡岔河亮甲山水库以下	基准年	854	0	854	854	0
	2030 年	4879	4653	226	4879	0
拉林河干流区间友谊坝以下（左）	基准年	1391	0	1368	1368	23
	2030 年	4619	2501	2107	4608	11
拉林河干流区间友谊坝以下（右）	基准年	5886	530	5356	5886	0
	2030 年	5019	702	4317	5019	0
黑龙江省	基准年	9662	1145	8472	9617	45
	2030 年	10149	1845	8291	10136	13
吉林省	基准年	4544	2147	2374	4521	23
	2030 年	14027	11657	2359	14016	11
拉林河流域	基准年	14206	3292	10846	14138	68
	2030 年	24176	13502	10650	24152	24

拉林河流域内主要城区规划水平年以新建的干棒河水库以及引松济拉（引松入扶、引松入榆）工程和沙河水库二期引水工程作为主要城区供水水源，地下水作为备用水源。流域内主要城区供水水源情况详见表 2.3-3。

表 2.3-3 流域内主要城区供水水源情况表

地级市	城区	现状主要供水水源	规划主要供水水源	规划应急储备水源
哈尔滨市	五常市区	浅层地下水	浅层地下水、磨盘山水库	浅层地下水
	双城区市区	浅层地下水	浅层地下水、磨盘山水库	浅层地下水
吉林市	舒兰市区	浅层地下水、沙河水库、响水水库	浅层地下水、沙河水库、响水水库、干棒河水库	浅层地下水
长春市	榆树市区	浅层地下水	浅层地下水、引松入榆	浅层地下水
松原市	扶余市区	浅层地下水	浅层地下水、引松入扶	浅层地下水

2.3.1.3 农村生活供水

2030 年流域内农村人口为 242 万人，生活供水量总计 0.75 亿 m^3。农村生活供水一般以地下水为主，部分地区以水库和规划城市管网延伸供水工程等作为供水水源。农村生活供水量预测成果详见表 2.3-4。

表 2.3-4 农村生活供水量预测成果表

计算分区	水平年	需水量/万 m^3	供水量/万 m^3		
			地表水	地下水	合计
牤牛河龙凤山水库以上	基准年	92	64	28	92
	2030 年	117	82	0	82
牤牛河龙凤山水库以下	基准年	912	186	726	912
	2030 年	1156	236	955	1191
磨盘山水库以上	基准年	5	5	0	5
	2030 年	7	7	0	7
磨盘山水库以下	基准年	651	166	485	651
	2030 年	643	40	603	643

续表

计算分区	水平年	需水量/万 m³	供水量/万 m³		
			地表水	地下水	合计
细鳞河	基准年	695	184	511	695
	2030 年	913	468	445	913
卡岔河亮甲山水库以上	基准年	94	8	86	94
	2030 年	190	15	175	190
卡岔河亮甲山水库以下	基准年	975	452	523	975
	2030 年	1030	446	584	1030
拉林河干流区间友谊坝以下（左）	基准年	666	249	417	666
	2030 年	2161	547	1614	2161
拉林河干流区间友谊坝以下（右）	基准年	1603	54	1549	1603
	2030 年	1325	176	1149	1325
黑龙江省	基准年	3413	464	2949	3413
	2030 年	3379	631	2749	3379
吉林省	基准年	2280	904	1376	2280
	2030 年	4163	1262	2901	4163
拉林河流域	基准年	5693	1368	4325	5693
	2030 年	7543	1893	5650	7543

针对流域农村供水保障程度不高的问题，拟通过兴建水源工程、城镇供水管网延伸工程、浅井供水工程和配备完善净化消毒设施等方式，积极推进集中供水工程建设，提高农村自来水普及率。有条件的地方延伸城镇集中供水管网，发展城乡一体化供水，加快规模化供水工程建设，提高农村自来水普及率、供水保障率。对于距城镇现有供水管网较远、居民点相对集中的地区，通过兴建单村集中供水工程解决供水问题；对于居住分散的农户，兴建单户或联户的分散式供水工程，着力解决部分工程建设标准低、供水保障程度不稳定、水质达标率不高的问题。

2.3.2　灌溉规划

2.3.2.1　灌溉现状及存在问题

1. 灌溉现状

拉林河流域耕地资源丰富，土壤肥沃、光热资源充足，有利于水稻、玉米等多种农作物生长，是黑吉两省重要的粮食主产区之一，2017年流域耕地面积 1449.89 万亩，农田实际灌溉面积 350.19 万亩，其中水田 314.47 万亩，水浇地 23.55 万亩，菜田 12.17 万亩。流域内农业灌溉以水田为主，主要分布在牤牛河龙凤山水库以下、磨盘山水库以下、细鳞河和卡岔河亮甲山水库以下等分区，灌溉水源主要为水库供水和河道引水，不足部分采用地下水。

拉林河流域种植水田历史悠久，特别是近几年黑龙江省五常大米享誉国内，价格大幅度提升，农民种植水田的积极性空前高涨，有力推动了水田的快速发展，2000—2017年，水田实际灌溉面积由 180 万亩增加到 314.47 万亩。流域旱田以雨养农业为主，有少量水浇地、菜田分布在流域中下游，灌溉水源基本为地下水。拉林河流域 2017 年农田灌溉发展情况详见表 2.3-5。

表 2.3-5　　　拉林河流域 **2017** 年农田灌溉发展情况

计　算　分　区	耕地面积 /万亩	实际灌溉面积/万亩			
		水田	水浇地	菜田	合计
牤牛河龙凤山水库以上	105.36	16.62	0	0	16.62
牤牛河龙凤山水库以下	213.2	104.45	0	0.45	104.90
磨盘山水库以上	69.69	5.70	0	0	5.70
磨盘山水库以下	126.04	52.58	0.07	1.01	53.66
细鳞河	235.36	35.99	0.14	1.34	37.47
卡岔河亮甲山水库以上	54.72	5.18	0.03	0.10	5.31
卡岔河亮甲山水库以下	278.28	42.54	1.11	2.10	45.75
拉林河干流区间友谊坝以下（左）	186.91	19.31	17.20	6.77	43.28
拉林河干流区间友谊坝以下（右）	180.32	32.10	5.00	0.40	37.50
黑龙江省	679.5	219.52	5.00	1.40	225.92
吉林省	770.39	94.95	18.55	10.77	124.27
拉林河流域	1449.89	314.47	23.55	12.17	350.19

拉林河流域 2017 年农田灌溉用水量为 20.97 亿 m³，其中水田用水量 20.38 亿 m³，水浇地用水量 0.31 亿 m³，菜田用水量 0.28 亿 m³，详见表 2.3 - 6。

表 2.3 - 6　　　　　拉林河流域 2017 年农田灌溉用水量

计 算 分 区	农田灌溉用水量/万 m³			
	水田	水浇地	菜田	合计
牤牛河龙凤山水库以上	11426	0	0	11426
牤牛河龙凤山水库以下	73253	0	109	73362
磨盘山水库以上	3405	0	0	3405
磨盘山水库以下	34033	20	374	34427
细鳞河	24801	36	1178	26015
卡岔河亮甲山水库以上	6594	6	251	6851
卡岔河亮甲山水库以下	21645	352	261	22258
拉林河干流区间友谊坝以下（左）	9772	2084	537	12393
拉林河干流区间友谊坝以下（右）	18840	632	79	19551
黑龙江省	140560	632	310	141502
吉林省	63209	2498	2479	68186
拉林河流域	203769	3130	2789	209688

流域内现状万亩以上大中型灌区 34 处，其中 30 万亩以上大型灌区 2 处，设计灌溉面积 74 万亩，实际灌溉面积为 46 万亩；万亩以上中型灌区 32 处，设计灌溉面积 144 万亩，实际灌溉面积为 76 万亩。拉林河流域万亩以上大中型灌区现状情况见表 2.3 - 7。

2. 存在问题

（1）部分灌区工程老化失修、配套不完善。流域内现有灌区大多兴建于 20 世纪 50—70 年代，由于当时历史条件的限制，多数工程因陋就简，普遍存在着建设标准低、配套不全的现象；在长期运行中渠首及渠系建筑物老化、破损，干支渠漏水和坍塌、淤积等问题突出，特别是遇到干旱年份，常因工程基础条件差而不能满足灌溉要求，严重影响灌区效益。全流域 34 处万亩以上灌区设计灌溉面积 218 万亩，实际灌溉面积只有 122 万亩，不足设计灌溉面积的 57%。

表 2.3 - 7　拉林河流域万亩以上大中型灌区现状情况表

计算分区	地级行政区	县级行政区	名称	灌溉水源	设计灌溉面积/万亩	实际灌溉面积/万亩			
						水田	水浇地	菜田	合计
忙牛河龙凤山水库以上	哈尔滨市	五常市	冲河灌区	忙牛河、冲河	8.00	3.21	0	0	3.21
		五常市	龙凤山灌区 民意站	龙凤山水库、忙牛河	33.91	7.00	0	0	7.00
			光辉站			7.09	0	0	7.09
			小山子站			8.05	0	0	8.05
			卫国站			8.00	0	0	8.00
忙牛河龙凤山水库以下	哈尔滨市		营城子站		5.80	5.80	0	0	5.80
		五常市	二河灌区	忙牛河	1.65	0.80	0	0	0.80
		尚志市	大泥河灌区	大泥河	2.65	1.24	0	0	1.24
		尚志市	三股流灌区	三股流水库	1.80	1.80	0	0	1.80
磨盘山水库以下	哈尔滨市	五常市	沙河子灌区	磨盘山水库、拉林河	3.52	2.81	0	0	2.81
			向阳山灌区	磨盘山水库、拉林河	3.34	3.00	0	0	3.00
			双兴灌区	磨盘山水库、拉林河	4.73	2.05	0	0	2.05
			五常灌区	磨盘山水库、细鳞河	8.55	4.01	0	0	4.01
			民乐灌区	磨盘山水库、拉林河	5.60	3.44	0	0	3.44

续表

计算分区	地级行政区	县级行政区	名称	灌溉水源	设计灌溉面积/万亩	实际灌溉面积/万亩			
						水田	水浇地	菜田	合计
磨盘山水库以下	吉林市	舒兰市	金马灌区	金马橡胶坝	3.00	2.25	0	0	2.25
	长春市	榆树市	谢家店灌区	谢家店水库	2.30	2.30	0	0	2.30
	哈尔滨市	五常市	延青灌区	细鳞河	3.00	1.50	0	0	1.50
			长山灌区	细鳞河	3.66	2.00	0	0	2.00
			兴盛灌区	细鳞河	2.52	0.81	0	0	0.81
细鳞河			山河灌区	细鳞河	2.26	2.06	0	0	2.06
			新安灌区	新安水库	9.81	5.55	0	0	5.55
	吉林市	舒兰市	小城子灌区	细鳞河	10.57	4.05	0	0	4.05
卡岔河亮甲山水库以上	吉林市	舒兰市	响水灌区	响水水库	1.50	0.83	0	0	0.83
	吉林市	舒兰市	太平灌区	太平水库	2.40	0.72	0	0	0.72
	吉林市	舒兰市	亮甲山灌区	玉皇庙水库	5.93	1.40	0	0	1.40
卡岔河亮甲山水库以下			玉皇庙水库灌区	玉皇庙水库	3.00	0.83	0	0	0.83
	长春市	榆树市	于家水库灌区	于家水库	1.50	1.50	0	0	1.50
			向阳水库灌区	向阳水库	1.05	0.75	0	0	0.75

续表

计算分区	地级行政区	县级行政区	名称	灌溉水源	设计灌溉面积/万亩	实际灌溉面积/万亩			
						水田	水浇地	菜田	合计
卡岔河甲山水库以下	长春市	榆树市	石塘水库灌区	石塘水库	1.70	0.75	0	0	0.75
			卡中灌区	卡岔河	3.83	3.83	0	0	3.83
			义和灌区	卡岔河	1.00	0.40	0	0	0.40
			木先泡灌区	卡岔河	3.00	1.50	0	0	1.50
			泗河灌区	卡岔河	2.17	2.17	0	0	2.17
拉林河干流区间友谊坝以下（左）	长春市	榆树市	友谊灌区	拉林河干流	15.00	0	0	6.77	6.77
	松原市	扶余市	拉林灌区	拉林河干流	27.40	7.50	0	0	7.50
			下岱吉灌区	拉林河干流	3.75	3.75	0	0	3.75
拉林河干流区间友谊坝以下（右）	哈尔滨市	双城区	友谊灌区	拉林河干流	34.00	8.50	2	0	10.50
黑龙江省					121.99	71.67	2	0	73.67
吉林省					101.91	41.58	0	6.77	48.35
拉林河流域					223.90	113.25	2	6.77	122.02

（2）用水效率不高，节水灌溉建设步伐缓慢。现有灌区用水跑、冒、漏、渗现象严重，用水效率低，部分灌区的灌溉水有效利用系数仅达0.45左右，水资源浪费严重；各级渠道多数没有防渗措施，干渠防渗率不到5%，支渠以下渠道基本没有防渗措施，输水损失偏大，节水灌溉建设步伐缓慢。

（3）水田面积发展过快，灌溉用水日趋紧张。近些年来拉林河流域中游水田发展过快，水资源供需矛盾突出。2000—2017年，水田实际灌溉面积由180万亩增加到314.47万亩，灌溉用水日趋紧张，部分水田灌溉用水无法满足，生态环境受到影响，两省争水矛盾时有发生。

（4）灌区管理体制不健全，管理水平落后。部分灌区管理体制尚不健全，管理措施不当，管理设施陈旧，量水设备缺乏，农业水费大部分未按水量计收。用水户节水观念淡薄，大水漫灌现象仍未完全杜绝。

2.3.2.2 灌溉发展

1. 灌溉发展的基本思路

拉林河流域土地肥沃，水土资源匹配较好，是黑龙江、吉林两省重要的粮食主产区之一，为国家粮食安全提供了坚实支撑。农业灌溉发展应充分考虑水资源承载能力，以配置农业用水量作为控制，在实施节水措施的前提下合理发展灌溉面积；以提高灌溉水利用效率为重点，对现有灌区进行续建配套与节水改造。

2. 农田灌溉发展规模及供水量

拉林河流域灌溉规模总体呈增加趋势。由于受水资源条件制约，黑龙江省水田灌溉面积不宜再进一步扩大，未来通过强化节水、调整种植结构等措施，可在用水量控制指标范围内确定适宜的灌溉规模。黑龙江省农田有效灌溉面积2030年为265万亩，其中水田面积为228万亩；吉林省农田有效灌溉面积2030年为276万亩，其中水田面积为189万亩。

预测2030年多年平均需水量为25.60亿 m^3，较基准年增加1.86亿 m^3。2030年多年平均供水量为22.66亿 m^3，规划水平年农田灌溉供需分析成果见表2.3-8。

表 2.3 - 8　规划水平年农田灌溉供需分析成果表

分区	水平年	多年平均需水量/万 m³				多年平均供水量/万 m³			缺水量/万 m³
		水田	水浇地	菜田	小计	地表水	地下水	小计	
忙牛河龙凤山水库以上	基准年	12172	0	0	12172	12045	0	12045	127
	2030年	9420	0	0	9420	9265	0	9265	155
忙牛河龙凤山水库以下	基准年	76494	0	103	76597	60010	14929	74939	1658
	2030年	64007	0	876	64884	50318	12309	62627	2257
磨盘山水库以上	基准年	4174	0	0	4174	4167	0	4167	8
	2030年	3231	0	0	3231	3223	0	3223	8
磨盘山水库以下	基准年	33515	19	867	34401	25606	5707	31313	3088
	2030年	28244	396	645	29285	21129	4424	25553	3732
溪浪河	基准年	26055	36	998	27088	22379	1855	24234	2855
	2030年	27219	300	568	28087	22320	628	22948	5139
卡岔河亮甲山水库以上	基准年	3621	6	251	3878	3366	387	3753	125
	2030年	2912	59	35	3005	2775	0	2775	230

续表

分　区	水平年	多年平均需水量/万 m³				多年平均供水量/万 m³			缺水量/万 m³
		水田	水浇地	菜田	小计	地表水	地下水	小计	
丰盆河亮甲山水库以下	基准年	29172	2348	1143	32662	17515	13383	30898	1764
	2030 年	39189	1113	1211	41513	30717	5232	35949	5564
拉林河干流区间友谊坝以下（左）	基准年	18272	3082	1341	22695	15273	5458	20731	1964
	2030 年	44889	9726	1017	55132	46958	1848	48806	6326
拉林河干流区间友谊坝以下（右）	基准年	19427	2293	2091	23811	11185	5443	16628	7183
	2030 年	18570	2139	771	21480	10660	4769	15429	6051
黑龙江省	基准年	156185	2293	2820	161297	122196	26641	148837	12460
	2030 年	129606	2405	2717	134728	100050	22021	122071	12657
吉林省	基准年	66717	5492	3973	76182	49350	20521	69871	6312
	2030 年	109263	9640	2406	121309	97316	7189	104505	16804
拉林河流域	基准年	222902	7784	6793	237479	171545	47162	218707	18772
	2030 年	238869	12045	5123	256037	197366	29210	226576	29461

2.3.2.3　灌区规划

灌区规划主要是依据拉林河流域目前的灌区情况和农业发展的客观要求，主要内容为：①对现有灌区进行续建配套和节水改造，加快对灌区渠首及渠系建筑物进行补强加固和维修改造，完善渠系及田间灌排工程，恢复和提高蓄、引、提能力；解决干、支渠在输配水过程中的跑、冒、滴、漏问题，提高灌溉水的利用效率；②根据水资源承载能力结合引松入榆、引松入扶调水工程的实施，在水土资源条件较好的地区修建新灌区或对原有灌区进行整合、改建扩大灌溉面积；③加强用水管理，建立健全节水灌溉制度，重点是推广用水计量设备，做到斗渠计量控制。

2030 年拉林河流域规划续建配套、整合和改扩建、新建万亩以上大中型灌区 28 处（大型灌区 6 处、中型灌区 22 处），灌区有效灌溉面积 279 万亩，其中，水田灌溉面积 256 万亩、水浇地灌溉面积 23 万亩。2030 年拉林河流域万亩以上灌区规划情况详见表 2.3－9。

2.3.3　水能资源开发要求

根据有关规程规范，水库调节性能较好的大型水电站，应考虑水资源统一调度及生态环境保护的要求，初步拟定水库调度运用原则，发电调度应服从防洪和水资源调度。对于一般的水能资源开发项目，原则上应满足下列要求：

（1）满足生态环境用水要求。水电站建设不能造成电站下游河道断流，电站的调度应满足流域综合规划或水资源综合规划中确定的电站下游河道生态环境需水要求。

（2）满足水资源综合利用要求。水能资源的开发利用要满足流域水资源开发利用的要求。新建电站对开发河段的已有用水户造成影响的，需提出消除或弥补影响的对策措施；新建电站的建设和调度应服从流域综合规划或水资源综合规划中确定的水资源综合开发利用目标。

（3）满足防洪要求。水能资源的开发利用要满足流域防洪总体布局的要求，符合流域防洪规划；新建电站对开发河段有防洪影响的，需提出消除或减轻影响的对策措施。

表 2.3 - 9　2030 年拉林河流域万亩以上灌区规划情况表

计算分区	地级行政区	县级行政区	灌区名称	灌溉水源	规划灌溉面积/万亩				备注
					水田	水浇地	菜田	合计	
忙牛河龙凤山水库以上	哈尔滨市	五常市	冲河灌区	忙牛河、冲河	8	0	0	8	
忙牛河龙凤山水库以下	哈尔滨市	五常市	龙凤山灌区	龙凤山水库、忙牛河	39.71	0	0	39.71	
		五常市	二河灌区	忙牛河	1.65	0	0	1.65	
		尚志市	大泥河灌区	大泥河	2.65	0	0	2.65	
		尚志市	三股流灌区	三股流水库	1.8	0	0	1.8	
	哈尔滨市	五常市	磨盘山灌区	磨盘山水库、拉林河、细鳞河	31.16	0	0	31.16	其中 8.44 万亩位于细鳞河分区
磨盘山水库以下	吉林市	舒兰市	金马灌区	细鳞河	3	0	0	3	
	吉林市	舒兰市	谢家店灌区	谢家店水库	3	0	0	3	
	长春市	榆树市	延青灌区	细鳞河	3	0	0	3	
细鳞河	吉林市	舒兰市	舒乐灌区	细鳞河	32.4	0	0	32.4	新安、小城子灌区整合
卡岔河亮甲山水库以上	吉林市	舒兰市	响水灌区	响水水库	3	0	0	3	
	吉林市	舒兰市	太平水库灌区	太平水库	2.4	0	0	2.4	
卡岔河亮甲山水库以下	吉林市	舒兰市	亮甲山水库灌区	玉皇庙水库	6.24	0	0	6.24	
	长春市	榆树市	玉皇庙水库灌区	玉皇庙水库	3	0	0	3	

续表

计算分区	地级行政区	县级行政区	灌区名称	灌溉水源	规划灌溉面积/万亩				备注
					水田	水浇地	菜田	合计	
卡岔河亮甲山水库以下	长春市	榆树市	于青灌区	卡岔河	9	0	0	9	
			于家水库灌区	于家水库	1.5	0	0	1.5	
			向阳水库灌区	向阳水库	1.05	0	0	1.05	
			石塘水库灌区	石塘水库	1.7	0	0	1.7	新建，位于松花江流域
			松卡灌区	松花江吉林省段	32	0	0	32	
			义和灌区	卡岔河	1	0	0	1	
			泗河灌区	泗河	3	0	0	3	
拉林河干流区间友谊坝以下（左）	长春市	榆树市	友谊灌区	拉林河干流	8.25	6.75	0	15	位于松花江流域
			大荒沟灌区	大荒沟	1	0	0	1	
	松原市	扶余市	扶余灌区	松花江干流、拉林河干流吉林省段	3.95	0	0	3.95	
					25.4	0	0	25.4	
			张敏灌区	拉林河干流	3	0	0	3	
			河兰灌区	拉林河干流	2.8	0	0	2.8	
			灰塘沟灌区	拉林河干流	4	0	0	4	
拉林河干流区间友谊坝以下（右）	哈尔滨市	双城区	友谊灌区	拉林河干流	17.5	16.5	0	34	
黑龙江省					102.47	16.5	0	118.97	
吉林省					153.69	6.75	0	160.44	
拉林河流域					256.16	23.25	0	279.41	

2.4　水资源及水生态保护

2.4.1　地表水资源保护

2.4.1.1　水功能区水质现状

1. 水功能区划

拉林河流域水功能区共有 36 个，总长度 1504.2km。其中国务院批复的重要江河湖泊水功能区 16 个，长度 766km，地方政府批复的水功能区 20 个，长度 738.2km。

按水功能区类型统计，拉林河流域划定保护区 8 个，长度 336.2km；保留区 5 个，长度 177.5km；缓冲区 8 个，长度 352.1km；饮用水水源区 2 个，长度 51.7km；工业用水区 1 个，长度 7km；农业用水区 12 个，长度 579.7km。

规划期内，若水功能区及其目标、限排总量等发生调整，相关指标和整治措施按照新的要求执行。

2. 水功能区水质现状达标评价

根据 2017 年水功能区监测成果，水功能区限制纳污红线考核双指标评价（化学需氧量或高锰酸盐指数、氨氮）结果分析，16 个重要水功能区中有 12 个达标，达标率 75%。不达标水功能区主要分布在磨盘山水库、拉林河干流的五常市以下河段、细鳞河的舒兰市河段。

磨盘山水库所在的水功能区水质目标为Ⅱ类，水质监测结果为Ⅲ类，水质优良但是仍未达标。其余 3 个水功能区水质超标的原因主要是受灌区退水影响。拉林河流域的灌区都已经形成规模，灌区退水已经呈现明显的污染特征，在丰水期水量充足，水质相对较好，平水期、枯水期水量不足，对河流水质有一定影响。

2.4.1.2　入河排污口分布及主要污染物入河量

1. 入河排污口分布现状

据调查，拉林河流域共有 12 个入河排污口。其中 7 个排污口位于拉林河干流，集中在五常市河段；3 个排污口位于细鳞河，集中在舒兰市河段；2 个排污口位于卡岔河，集中在榆树市河段。

2. 主要污染物入河量

拉林河流域化学需氧量和氨氮的入河量分别为 7063.75t/a 和 916.15t/a。按水功能区类型统计，缓冲区承纳了全流域 50%的废污水以及化学需氧量和氨氮的入河量。

2.4.1.3 饮用水水源地保护

1. 饮用水水源地水质安全状况

（1）饮用水水源地分布。流域内现有 6 个集中式饮用水水源地，总供水规模为 3.80 亿 m^3/a，总供水人口 331 万人。水库型水源地 3 个，分别是沙河水库、响水水库和磨盘山水库，其中磨盘山水库列入全国重要饮用水水源地名录。地下水水源地 3 个，分别是扶余市自来水公司水源地、双城区双城镇水源地、五常市供水公司水源地。

（2）饮用水水源地水质安全评价。根据《饮用水水源地安全评价技术导则》评价，除双城区双城镇饮用水水源地外，其余 5 个集中式饮用水水源地的水质安全状况均达标，其中磨盘山水库为轻度富营养状态。

2. 饮用水水源安全保障措施

对目前仍未划定饮用水源保护区的集中供水水源地，由地方政府完成饮用水水源保护区的划分与批复工作，并对饮用水水源地进行物理隔离防护、生物隔离工程、宣传警示工程。宣传警示工程包括在水源地保护区边界、关键地段设置界碑、界桩、警示牌和水源保护宣传牌。饮用水水源保护区点污染源综合整治工程主要为搬迁居住人口、畜禽养殖、工业及生活排污口整治等。

水行政及环境保护主管部门应合理布设监测站点，及时掌握水源地水质变化情况，集中式饮用水水源地每年至少开展一次水质全指标分析。有关地方人民政府应设立水源地应急处置机构，建立应急网络，制定突发事件应急预案，开展应急演练，储备应急物资；加强水源地水污染应急能力建设，及时有效地应对突发污染事件。

2.4.1.4 水功能区纳污能力核定

1. 核定原则

（1）保护区和保留区的现状水质优于水质目标值时，其纳污能力采用其现状污染物入河量；需要改善水质的保护区和保留区，纳污能力采用开发利用区纳污能力计算方法。

（2）缓冲区纳污能力采用开发利用区纳污能力计算方法。

（3）开发利用区纳污能力根据二级水功能区的设计条件和水质目标，采用数学模型法计算。

（4）排污控制区的纳污能力根据上、下游水功能区水质目标合理确定。

（5）《全国主体功能区规划》中禁止开发区涉及的水功能区纳污能力原则为零。

2. 核定结果

拉林河流域现状年和 2030 年纳污能力核定成果一致，化学需氧量、氨氮的纳污能力分别为 6513.20t/a、618.19t/a。

2.4.1.5 限制排污总量意见

在核定水功能区纳污能力的基础上，结合有关规划成果，分析区域经济技术水平、治污水平及趋势、河流水资源配置等因素，综合确定拉林河流域 2030 年化学需氧量、氨氮限制排污总量分别为 5977.23t/a、579.81t/a。

2.4.1.6 入河排污口管理

优化现有入河排污口布局，严禁在饮用水源保护区内设置入河排污口。在入河排污口现状调查评价的基础上，根据江河湖泊水功能区划及水质保护要求，结合区域经济产业布局及城镇规划等，对新建入河排污口设置进行分类指导，新建入河排污口应在相应水功能区达标的情况下进行设置。

执行入河排污口登记和审批制度，对新建入河排污口依法进行申请和审批，严格论证，存档备案；严禁直接向河道排放超标工业和生活废污水，科学开展废污水入河之前的生态处理。

2.4.1.7 水功能区水质监测方案

继续做好水库出口、肖家船口、兴盛乡、龙家亮子、苗家断面的水质常规监测，2030 年前实现流域水功能区的全覆盖监测。

2.4.1.8　水资源保护措施

1. 保护治理措施

拉林河流域灌区分布较多，应提高农田灌溉效率，大力推广生态农业、绿色农业、循环农业发展模式，打造无污染、无公害农业，减少化肥农药使用量；加强畜禽养殖的管理，鼓励集约化养殖，提高畜禽养殖污染物的处理程度和水平；加强水源涵养，减少水土流失；保护生态环境，维护水生态平衡。

在严格执行点污染源入河达标排放的基础上，应大力推进中水回用、污水资源化，加大城镇污水处理厂及配套管网基础能力建设，减少生活污水及污染物的入河量，提高城镇废污水综合治理水平。着力加强牤牛河和卡岔河面源污染治理，在条件成熟的地区，逐步开展灌区退水生态治理工程，结合区域截、蓄、导、用工程，削减污染物入河量。

2. 保障措施

（1）强化监督、管理和考核。水资源的开发利用要全流域统筹兼顾，坚持开发与保护并重，科学开源、治污为本。按照"减量化、再利用、资源化"的原则，建立长效机制，强化污染预防和全过程控制。深入落实水功能区纳污红线制度，严格执行限制排污总量意见，切实加强对水功能区、省界水体、重点河段等监督管理工作。

（2）开展水资源保护科学研究。加强水资源保护研究，解决水资源保护工作中的技术问题，为流域水资源保护管理提供技术支撑。

（3）加大水资源保护宣传力度。广泛宣传有关水资源保护的法律法规，充分发挥新闻舆论监督、社会监督作用，鼓励公众参与。

2.4.2　地下水资源保护

2.4.2.1　地下水水质现状

根据黑龙江省、吉林省地下水监测数据，拉林河流域浅层地下水水质总体处于Ⅲ～Ⅳ类。

2.4.2.2　地下水保护目标

具有生活供水功能的区域，水质标准不低于国家《地下水质量标准》

（GB/T 14848—2017）的Ⅲ类水的标准值，现状水质优于Ⅲ类水时，以现状水质作为保护目标。工业供水功能的区域，水质标准不低于国家《地下水质量标准》（GB/T 14848—2017）的Ⅳ类水的标准值，现状水质优于Ⅳ类水时，以现状水质作为保护目标。地下水仅用为农田灌溉的区域，现状水质或经治理后的水质要符合农田灌溉有关水质标准，现状水质优于Ⅴ类水时，以现状水质作为保护目标。

2.4.2.3　地下水保护措施

禁止在饮用水水源一、二级保护区内新建、改建、扩建与供水设施和保护水源无关的建设项目，已建成的与供水设施和保护水源无关的建设项目（包括畜牧养殖户），由辖区政府责令整改；各辖区政府要在本辖区内的饮用水水源保护区的边界设立明确的地理界标和明显的警示标志。通过加强饮用水水源周边环境集中整治，有效防范突发环境污染事故造成地下饮用水水源污染，保证地下饮用水源安全。

2.4.3　水生态保护

2.4.3.1　水生态现状

（1）水生生境条件。拉林河按地貌和河谷特征分为上游、中游、下游 3 段。拉林河河源至黑龙江省五常市向阳镇为上游段，谷窄流急，属山区河流，河床多为卵砾石。向阳镇至牤牛河口为中游段，此段为丘陵高平原及河谷平原区，地势变缓，河道多弯曲，水流缓慢，汛期常泛滥成灾。牤牛河口以下为下游段，河道弯曲迂回，宽窄不一，且不稳定，主流常易变迁。

（2）水生生物资源。根据资料及调查数据，拉林河分布鱼类 6 目 15 科 68 种，其中鲤科鱼类 41 种，占 60.29%，鳅科鱼类 7 种，鲿科 4 种，鲌科、胡瓜鱼科、鰕虎鱼科和塘鳢科各 2 种，七鳃鳗科、鮈科、大银鱼科、狗鱼科、鳕科、鳢科、鮨科、斗鱼科各 1 种。其中珍稀濒危鱼类 3 种，分别为雷氏七鳃鳗、细鳞鲑、哲罗鲑。

珍稀濒危鱼类的主要分布范围为拉林河上游及支流细鳞河、石头河。鱼类产卵场 5 处，分别为拉林河下游沿江村河段到哈拉河大桥河段、磨盘山水库以下拉林河干流、牤牛河冲河镇上游、细鳞河舒兰市上游及亮甲山水库卡岔河以上。索饵场、育肥场主要分布在拉林河下游牛头山大桥到哈拉河大桥河段。

（3）湿地资源。流域内沼泽湿地主要分布在拉林河上游的小苇沙河河漫滩、下游的会塘沟以及大金碑国家湿地公园、吉林扶余洪泛区湿地省级自然保护区以及黑龙江拉林河口湿地保护区。沼泽湿地的水源补给主要为大气降水、地表径流和河流补给。

2.4.3.2 保护目标与主要对象

1. 保护与修复目标

在流域进一步开发的同时，保护流域主要河流湖泊水生态系统、湿地生态环境，保证主要控制断面的生态基流；受损的河流生态系统基本得到修复；建立完善的水资源保护和河湖健康保障体系，对水生态作用显著的重点水利工程实施生态调度，保障整个流域内水生态系统实现良性循环与健康发展。

2. 重点保护区域和保护对象

依据《国家重点保护动物名录》、《濒危野生动植物种国际贸易公约》（附录Ⅰ、附录Ⅱ、附录Ⅲ）、《中国濒危动物红皮书 鱼类》和《中国生物多样性红色名录·内陆鱼类》等及本次调查结果，建议拉林河优先保护的鱼类3目4科6种，分别为雷氏七鳃鳗、哲罗鲑、细鳞鲑、黑斑狗鱼、花斑副沙鳅、江鳕。

细鳞鲑、江鳕产卵场主要分布在磨盘山水库和龙凤山水库上游支流。哲罗鲑在拉林河已多年未见，在拉林河濒临灭绝。鲤、鲫、鲇等鱼类对产卵场要求不严格，主要分布在干流及主要支流的河湾、河汊等水生维管束植物分布广、数量多及沙泥底的水域。鳡属、棒花鱼、鳈属、鮈属、鳅科、黄黝鱼、鰕虎鱼等对产卵水温要求较高，但对产卵场生境要求不高，一般分布在拉林河干流及主要支流水深较浅的河道。冷水性鱼类的育肥场多分布在干流中、上游及支流，以及水深较浅的沿岸带和水流较缓的河湾处。鲤、银鲫、鲇等温水性鱼育肥场多分布水深较浅的沿岸带和水流较缓的河湾处。越冬场主要集中在干流，分布在水较深的磨盘山水库、龙凤山水库、向阳镇、团子山桥、牛头山大桥等处。磨盘山水库和龙凤山水库与主要支流是冷水性鱼类的洄游通道，拉林河干流中下游和松花江是瓦氏雅罗鱼、鲢鱼、马口鱼等鱼类洄游通道。

黑龙江省牤牛河龙凤山段国家级水产种质资源保护区的保护对象为龙凤鲫、黄颡鱼、黑斑狗鱼、日本七鳃鳗、江鳕等；吉林扶余洪泛湿地自然保护区的主要保护对象为洪泛平原湿地和野生珍稀濒危鸟类东方白鹳、丹顶鹤、大鸨等，黑龙江拉林河口自然保护区的主要保护对象为松嫩平原湿地系统保护珍稀濒危野生动植物物种。以上环境敏感区是拉林河水生态保护与修复的重点保护区域。

2.4.3.3　水生态保护与修复对策措施

1. 生态保护与修复

加强拉林河河源区、上游水源涵养林和湿地的保护与建设，控制土壤侵蚀，维护拉林河源区生态安全，保证磨盘山水库水源安全；规范牤牛河、大泥河上游水电开发，以防破坏河流的纵向连通性，影响哲罗鲑、细鳞鲑等冷水鱼类的生存空间。

加强拉林河及其一级支流廊道生态修复与管理，在河岸两侧应维系和建设林、灌、草植被系统，提高植被覆盖率。有效控制农业面源污染，改善拉林河流域水质，维护和修复河流生态功能。对破坏严重、有明显冲刷的堤岸，加强生态工程措施，稳定河岸，阻止沿岸泥沙进入河道，减轻面源污染，建立严格的河道管理制度，规范河道内采砂等行为，适当营造浅滩、深潭等生境，以丰富拉林河的生物多样性。保护好拉林河干流河心洲内的植被，严禁人为破坏河心洲。严禁人为取直河道，破坏水生生物生境。

加强拉林河水生生物资源养护，上游河流以保护细鳞鲑、哲罗鲑等冷水性鱼类及原始生境为重点，中下游以保护鲢、鳙等重要经济鱼类及其产卵场为重点，综合运用生境保护与修复、鱼类增殖放流等手段，恢复拉林河水生生物资源。

加强黑龙江省牤牛河龙凤山段国家级水产种质资源保护区的建设和保护，在保护区及上下游 1000m 范围内禁止设立入河排污口和从事采砂活动。扩大增殖放流规模和范围，加大重要经济鱼类的增殖放流力度，恢复种群规模和群落结构，促进渔业可持续发展。

2. 生态基流保障及保护

科学合理地进行拉林河流域水资源优化配置，保证重要控制断面生态基流，严格按照磨盘山水库、友谊坝、拉林河出口断面生态基流要求下泄。

2.4.3.4 水生态监测方案

1. 水生生境监测

水生生境监测主要包括流量、流速、水位、水质、水温等。

2. 水生生物监测

水生生物监测主要包括浮游植物、浮游动物、底栖动物、水生维管束植物的种类、分布、密度、生物量等。

鱼类监测主要包括鱼类的种类组成、结构、资源量的时空分布，重点监测规划实施前后物种濒危程度和鱼类种群资源变化趋势，分析规划对鱼类的累积性影响；监测流域产卵场的分布与规模变化，包括产卵期分布区、繁殖时间和繁殖种群的规模等。监测范围为磨盘山水库上游、龙凤山水库上游、亮甲山水库上游、细鳞河上游、大泥河上游、冲河上游、拉林河口等河段，重点监测干支流中上游冷水性鱼类重要分布区及产卵场。

2.5 水土保持

2.5.1 水土流失及水土保持概况

2.5.1.1 水土流失概况

根据 2017 年全国水土流失动态监测成果，拉林河流域土壤侵蚀面积 4388.85km^2，占流域总面积的 22.02%。土壤侵蚀面积按行政区划分，黑龙江省、吉林省分别为 1622.88km^2、2765.97km^2；按侵蚀营力划分，水力、风力侵蚀面积分别为 4378.59km^2 和 10.26km^2，风力侵蚀主要发生在拉林河入松花江河口处；按侵蚀强度划分，轻度、中度、强烈、极强烈、剧烈侵蚀面积分别为 3264.75km^2、525.87km^2、239.31km^2、189.90km^2、169.02km^2；按侵蚀地类划分，土壤侵蚀主要发生在坡耕地和残次林地。

流域内规模以上侵蚀沟（长度 100～5000m）共有 4409 条，其中发展沟 4094 条、稳定沟 315 条；沟道总面积 40.90km²，总长度 1494.17km，沟道密度 0.07km/km²。经遥感辨识与统计，侵蚀沟主要发生于坡耕地和稀疏草地上。

2.5.1.2 水土保持概况

截至 2017 年年底，拉林河累计保存水保措施面积 206.48km²，其中以梯田、改垄、地埂植物带等为代表的坡耕地治理面积 100.89km²，水保林面积 57.93km²，经济林面积 17.15km²，种草面积 9.11km²，封禁治理面积 21.40km²。

2.5.2 规划任务、目标和规模

2.5.2.1 规划任务

根据拉林河流域水土流失主要问题、水土流失防治和经济发展需求，确定本次水土保持规划主要任务如下：

（1）涵养水源，控制面源污染，维护饮水安全。

（2）防治水土流失，保护耕地资源，促进粮食增产。

2.5.2.2 规划目标

建立水土流失综合防治体系，全面控制人为水土流失，使水土流失率控制在 18.9% 以内，林草覆盖率达到 42.1%，年均减少土壤流失量 467.2 万 t。使耕地和黑土资源得到有效保护，流域水源涵蓄能力明显提高，下游地区饮水安全得到保障。

2.5.2.3 规划规模

规划完成防治面积 2204.1km²，其中预防面积 385.0km²，治理面积 1819.1km²，治理侵蚀沟 2701 条。

2.5.3 水土保持区划

2.5.3.1 所属国家级水土流失重点防治区

根据水利部办公厅《关于印发〈全国水土保持规划国家级水土流失重点预防区和重点治理区复核划分成果〉的通知》（办水保〔2013〕188 号），

拉林河流域国家级水土流失重点防治区涉及的行政区域见表 2.5-1。

表 2.5-1 　　　　拉林河流域国家级水土流失重点防治区
涉及的行政区域

国家级重点防治区	省级行政区	县级行政区
东北漫川漫岗国家级 水土流失重点治理区	黑龙江	尚志市、五常市
	吉林	舒兰市、榆树市

2.5.3.2　水土保持区划

依据全国水土保持区划，拉林河流域可分为 2 个全国水土保持三级区，见表 2.5-2。

表 2.5-2 　　　　拉林河流域水土保持区涉及的行政区域

三级区名称	省级行政区	县级行政区
长白山山地丘陵水质 维护保土区	黑龙江省	尚志市、五常市
	吉林省	舒兰市
东北漫川漫岗土壤保持区	黑龙江省	双城区
	吉林省	榆树市、扶余市

1. 长白山山地丘陵水质维护保土区

本区位于拉林河流域中上游地区，包括黑龙江省尚志市、五常市和吉林省舒兰市，总面积 12915.51km²。地貌以山地、台地和丘陵为主，三者分别占总面积的 39.2%、31.1%、12.6%，地势随山脉走向自东南向西北倾斜。本区属于中温带湿润区，年降水量为 550~800mm。土壤以暗棕壤、草甸土、棕壤和白浆土为主，三者分别占总面积的 44.4%、21.6%、15.5%。林草植被覆盖率达 56.3%，植被类型以温带针阔叶混交林为主。区内土地利用以林地、耕地为主，分别占该区总面积的 58.8% 和 34.5%。土壤侵蚀以水蚀为主，水土流失率为 18.7%；侵蚀强度以轻度、中度为主，轻度、中度侵蚀面积分别占侵蚀总面积的 57.0%、19.2%；水土流失主要发生在坡耕地和稀疏林地。

本区为松嫩平原东部的绿色屏障、哈尔滨市重要的水源地，拉林河水系的发源地，生产发展方向以林业为主，农林结合；涉及国家主体功能区规划确定的长白山森林生态功能区、国家重要的商品粮基地。

2. 东北漫川漫岗土壤保持区

本区位于拉林河流域下游地区，包括黑龙江省的双城区、吉林省的榆树市和扶余市，总面积 7007.49km² 。地貌以台地和平原为主，两者分别占总面积的 67.1%、32.4%，地势随山脉走向自东南向西北倾斜。本区属于中温带亚湿润区，年降水量为 450~640mm。土壤以黑土、草甸土、白浆土和黑钙土为主，分别占总面积的 40.1%、32.8%、11.5%、10.5%。植被类型以农业植被为主，林草植被覆盖率仅 3.8%，天然植被以温带落叶阔叶林为主。区内土地利用以耕地为主，耕地占该区总面积的 84.7%。土壤侵蚀以水蚀为主，拉林河入松花江河口处兼有风蚀，水土流失率为 28.2%；侵蚀强度以轻、中度为主，轻度、中度水土流失面积分别占流失总面积的 95.6%、3.1%；水土流失主要发生在坡耕地。

本区位于东北黑土区核心区域；生产发展方向以农业为主；涉及国家主体功能区规划确定的限制开发区域（农产品主产区）。

2.5.4 综合防治

2.5.4.1 长白山山地丘陵水质维护保土区

该区的水土保持主导基础功能为水质维护和土壤保持，水土保护重点为现有林草保护、稀疏林和坡耕地治理。规划实施的重点预防类项目为磨盘山水库水源地保护工程；规划实施的重点治理类项目为重点区域水土流失综合治理工程、坡耕地水土流失综合整治工程、侵蚀沟综合治理工程。规划完成防治面积 1961.2km²，其中预防面积 385.0km²，治理面积 1576.2km²，治理侵蚀沟 2466 条。

2.5.4.2 东北漫川漫岗土壤保持区

该区的水土保持主导基础功能为土壤保持，水土保护重点为坡耕地和侵蚀沟治理、农田林网完善。规划实施的重点治理项目为坡耕地水土流失综合整治工程、重点区域水土流失综合治理工程、侵蚀沟综合治理工程。规划完成防治面积为 242.9km²，治理面积 242.9km²，治理侵蚀沟 235 条。各水土保持分区规划防治进度安排见表 2.5-3。

表 2.5－3　　　　各水土保持分区规划防治进度安排表

水土保持分区	省份	防治总规模/km²			重点治理工程/km²				重点预防工程/km²	
							侵蚀沟		重要饮用水源地	
		小计	治理	预防	小流域	坡耕地	条数/条	面积	治理	预防
长白山山地丘陵水质维护保土区	吉林	719.5	719.5	0	652.3	66.0	489	1.2	0	0
	黑龙江	1241.7	856.7	385.0	559.1	231.0	1977	15.3	51.2	385.0
	小计	1961.2	1576.2	385.0	1211.4	297.0	2466	16.6	51.2	385.0
东北漫川漫岗土壤保持区	吉林	225.5	225.5	0	175.4	43.7	235	6.4	0	0
	黑龙江	17.5	17.5	0	17.5	0	0	0	0	0
	小计	242.9	242.9	0	192.9	43.7	235	6.4	0	0
拉林河流域	吉林	945.0	945.0	0	827.7	109.7	724	7.6	0	0
	黑龙江	1259.1	874.1	385.0	576.6	231.0	1977	15.3	51.2	385.0
	总计	2204.1	1819.1	385.0	1404.3	340.7	2701	22.9	51.2	385.0

注　重点区域水土流失综合治理工程简称"小流域"。

2.5.5　监督管理

以贯彻实施水土保持法为重点，加强水土保持监督管理和能力建设，有效开展流域水土流失防治。具体内容包括以下几点：

（1）流域涉及各级人民政府或水行政主管部门要结合实际，建立健全水土保持监管制度，建立和完善水土保持工作机制。

（2）全面开展各级水土保持监督管理能力建设，实现机构、人员、办公场所、工作经费、调查取证设备"五到位"，并对水土保持监督执法人员定期开展培训与考核。

（3）加强水土保持重点工程建设管理，包括工程技术审查、招投标、施工、监理、验收等各环节，确保工程治理。

（4）加强生产建设项目监督管理，全面落实水土保持"三同时"制度，对水土保持的方案及后续设计、施工、监测、监理、验收等市场行为全过程监管，坚决查处违法违规行为。

（5）加强各级政府水土保持目标责任制考核。上一级政府对下一级政府从工作领导机制、防治任务完成情况、生产建设项目事中事后监管等方面进行考核，作为对各级政府领导班子及主要负责人综合考核评价的依据。

2.5.6 水土保持监测

2.5.6.1 监测站网总体布局

依据"避免重复建设和浪费，充分利用现有相关监测站点"的原则，以流域周边现有的 2 个监测点的监测数据作为流域水土流失的背景数据（表 2.5-4）。此外，利用现有蔡家口水文站对流域水沙变化进行动态监测。

表 2.5-4 流域周边可利用的监测站点一览表

序号	站点名称	地点	重点防治区
1	宾县孙家沟坡面径流场	宾县宾州镇	东北漫川漫岗国家级
2	宾县孙家沟小流域控制站	宾县宾州镇	水土流失重点治理区

2.5.6.2 监测内容

（1）流域水土流失动态监测。结合国家和省级水土流失动态监测，适时对流域内的重点流域和重点区域开展水土流失动态监测及分析。

（2）重点治理区水土保持监测。监测内容主要包括水土流失形式、分布、面积、强度等的影响及其变化趋势，以及各项治理措施的水土保持功能及动态变化、水土流失的消长趋势、灾害和治理成果及其效益等。

（3）重点支流水土保持监测。通过水土保持监测网络与水文监测站网的有机衔接，对重点支流土壤侵蚀、水土保持措施和河流水沙变化进行动态监测，系统评价流域水土流失状况及其变化，为流域和区域生态建设提供决策依据。监测内容主要为水土保持措施、水土流失状况和河流水沙变化等。

（4）定位监测。定位监测包括坡面径流场和小流域控制站，监测结果为水土流失及水土保持治理效益预测预报提供基础信息。坡面径流场基本监测项目包括侵蚀性降雨、产流量、土壤侵蚀量和各种面源污染负荷。控制站监测的主要项目包括小流域径流量、输沙量和各种面源污染负荷等。

（5）水土保持重点工程项目监测。结合重点预防和治理工程进行，侧重于水土流失防治效益的监测和评估，主要包括项目实施前后项目区的基本情况，水土流失状况，水土保持措施类别、数量、质量及其效益等。

2.5.7　科技支撑

根据拉林河流域内现状，结合开展的水土保持重点治理项目，选择典型小流域（区域），以坡耕地治理技术、侵蚀沟综合治理技术、面源污染防治技术为重点开展样板示范推广。同时联合大专院校，以侵蚀沟发生、发展机理，漫川漫岗区（丘陵区）坡耕地侵蚀发生过程与机理，黑土资源退化对粮食生产的影响，水土流失综合防治协调协商机制、生态补偿机制等课题，进行重点研究。

2.6　流域综合管理

2.6.1　流域管理现状

根据《中华人民共和国水法》《中华人民共和国防洪法》等国家法律法规和水利部门事权划分情况，结合流域特点，拉林河流域涉水事务的管理，采取流域管理与行政区域管理相结合的管理体制和民主协商的决策机制。流域机构主要负责水利部授权职责范围内工作，地方水行政主管部门主要负责辖区内的水利管理。拉林河流域管理基本能够满足水利各项事业的正常运转，但是行政管理能力需要进一步提升。

2.6.2　规划目标

拉林河流域应按照权威、统一、高效的流域管理体制要求，进一步明晰流域管理机构与地方水行政主管部门之间的事权划分并形成有效的运行保障机制，建立健全流域管理与区域管理相结合的各项流域管理制度。深入贯彻中央关于推进生态文明建设的决策部署，全面推行河长制湖长制，强化河流水域岸线保护和涉水活动监管，促进河流面貌根本好转。加强流域水资源优化配置和水量统一调度，确保重要断面生态水量符合拉林河流域综合规划和已批复的水量分配方案要求。加强水土流失治理，强化水土保持监测和监督管理。高度重视生态环境保护，严格落实规划环境影响报告书审查意见，依法依规严守生态保护红线，进一步增强生态环境保护的责任意识、红线意识、法律意识。

2.6.3　管理体制与机制

2.6.3.1　管理体制

拉林河是黑龙江、吉林两省的界河，依据《中华人民共和国水法》的有关规定，通过合理划分事权，进一步理顺流域管理与行政区域管理的关系，不断完善流域管理与行政区域管理相结合的水资源管理体制，逐步建立各方参与、民主协商、科学决策、分工负责的流域议事决策和高效执行机制。通过运用法律、经济、行政等综合手段，加强涉水事务统一管理；整合各项监测职能，及时向社会提供流域管理基础信息。

流域管理按照国家有关法律法规规定的和国务院水行政主管部门授予的水资源管理和监督职责，进一步加强流域水资源统一规划和配置工作，逐步完善流域水利规划体系，协调好流域内行政区域和利益相关行业的用水关系，平衡经济社会发展与河流生态保护之间的用水需求，强化跨流域水资源调度管理和取水总量控制，完善流域水旱灾害防御工程体系和非工程措施，规范涉河建设行为，通过流域内利益相关者参与、民主协商并加强流域性管理制度建设等措施，保障流域水资源开发利用的公平、高效和可持续性。

地方水行政管理按照中央与地方的事权划分，以流域规划为基础，充分发挥政府的社会管理和公共服务职能，负责本行政区内水资源的统一管理和监督，提升水服务质量。

2.6.3.2　工作机制

为促进流域管理与行政区域管理的密切结合，重点建立如下工作机制：

（1）跨省水事协调机制。建立跨省水事协调机制，制定合作议事章程，设定协调的基本原则、方式、程序、共享机制、决策机制、执行机制等，并设首席代表，以协调解决水资源开发利用与保护的重大问题。

（2）流域民主协商决策机制。进一步完善由流域管理机构、有关各省人民政府、部门和利益相关者共同参与的流域民主协商决策机制，使流域重大涉水事务决策建立在民主协商的基础上，流域整体利益、区域利益和行业利益在协商过程中得到充分体现和协调，增强区域执行流域管理决策的自律性，并建立相应的议事规则、例会制度和信息公告制度，保障决策的民主化和透明度。

（3）执行和监督机制。为确保协商决策结果和流域规划目标的有效落实，应建立起有力的执行机制和监督机制。执行机制建立的前提是要进一步理顺各级水行政主管部门的职责分工，使工作任务能够有效贯彻到基层，贯彻到各项实际工作中。监督机制的建立不仅应包括流域层面对行政区域层面的监督、上级水行政主管部门对下级水行政主管部门的监督，也应包括社会机构、公众等对涉水行业的监督，监督方式可以包括调查、检查、评估、媒体公示、问责等。

（4）信息共享机制。以现代智能技术改进传统管理方式，推进水利信息化进程，建立以流域为单元、开放性的水利信息管理系统，实现流域与行政区域信息共享，优势互补。共享信息应包括流域基础信息、相关政策法规、行政审批、监督执法信息等，重点应涵盖水文数据、水雨旱情信息、供用耗水量、水功能区水质以及水土流失等信息。

（5）省界断面水量责任监督机制。拉林河水量调度应遵循总量控制、断面流量控制、分级管理、分级负责的原则。进一步强化省界断面流量的监测、监督和控制能力，提高水量调度方案的执行力。建立省界断面流量责任考核指标体系，加强流域管理机构对省界断面流量的责任监督。定期将省界断面流量执行情况向国务院水行政主管部门、省级人民政府通报，并及时向社会公告，确保省界断面流量、水量达到规定要求。

2.6.4 防洪抗旱管理

根据职责分工权限，进一步明确流域机构水旱灾害防御职责定位，落实责任、细化措施，守住水旱灾害防御底线；完善流域水旱灾害防御工作规则和应急响应工作规程，确保各项职责和任务的贯彻落实；落实

"四预"措施，认真开展汛前检查，抓好实战演练，提前做好水雨情旱情墒情预测预警，扎实推进洪水模拟预演，修编流域各类防洪方案预案，开展动态洪水风险图编制并加大推广应用力度，实现水旱灾害防御形势分析、洪水预报预警、工程调度、风险分析、应急处置一体化管理。

2.6.5　水资源管理

打好节约用水攻坚战，将节水优先的理念贯穿于水资源管理的全过程，加强流域水资源优化配置和水量统一调度，确保重要断面生态水量符合拉林河流域综合规划和已批复的水量分配方案要求。

对规划和流域大中型水资源开发利用建设项目开展节水评价，开展各省用水定额评估和县域节水型社会达标建设监督检查，加快推进流域节水型社会建设。按《拉林河流域水量分配方案》确定的水量份额合理配置水资源，严格实行水资源消耗总量和强度双控，完成流域水量调度方案，优化水利工程调度，完善流域生态流量控制目标，确保重要监测断面生态流量保证程度，确保流域主要控制断面下泄水量。严格取水许可审批和监管，在不断加强重点取用水户管理的基础上，逐步实现对全流域取用水情况和地方水行政主管部门审批行为的监管。

2.6.6　水资源保护

切实加强水功能区和入河排污口监督管理，建立入河污染物总量控制制度，加强水质监测和评价，建立重大水污染应急管理机制，实现河流生态系统良性演化。切实加强饮用水水源地保护，属地主管部门应制定水源地保护办法，并制定饮用水水源污染事故应急预案。

2.6.6.1　加强水功能区管理

完善水功能区监督管理制度，建立水功能区水质达标评价体系，加强水功能区动态监测和科学管理，从严核定水功能区纳污能力，严格控制入河排污总量。切实强化水污染防控，加强工业污染源控制，加大主要污染物减排力度，提高城市污水处理率，改善流域水环境质量。

2.6.6.2　完善流域监测体制建设

加强省界水体、重要控制断面、取水许可退水水质等常规监测，以及与突发性水污染事故的应急监测相结合的流域水质监测体系建设。加强对地下水的保护及监控管理，建立健全地下水长期观测站网，建立信息通报制度，科学控制开采量，保护地下水水质。

适时拓展监测领域，开展对流域水生态的常规监测，保证重点河段的生态基流，维持河流、湿地基本生态需水要求。加强水利工程生态影响评估，探索有利于保护水生态和水环境的水利工程调度模式，逐步建立生态用水保障和补偿机制。

2.6.6.3 完善流域水资源保护与水污染防治协作机制

完善流域区域结合、部门联动的水资源保护和水污染防治机制，特别是信息共享和重大问题协商与决策机制。健全重大水污染应急管理机制，建立重大水污染事件专家咨询机制，为应急处理工作提供技术支持。

2.6.7 水土保持监督管理

完善预防保护制度，明确职责，落实责任，形成完善的管理制度体系和宣传工作体系。充分发挥各级监督管护组织的作用，探索生态保护补偿机制。完善建设项目监督管理制度，控制人为水土流失，完善水土保持督查和验收制度，依法征收水土保持设施（水土流失）补偿费、水土流失防治费。加强执法能力建设，提高监督执法快速反应能力。鼓励社会力量参与水土流失治理，明确使用权和管护权，建立责权利统一、多元化投入的水土流失治理机制。

2.6.8 河湖管理

完善河长制湖长制组织体系，流域管理机构充分发挥协调、指导、监督、监测作用，流域相关省份各级河长及河长办全面压实责任，建立各层级跨区域协作机制，搭建协作议事平台，结合实际灵活机动开展协作，积极协调推动解决河湖治理难点问题，加强流域统筹、区域协同、部门联动；强化水域岸线空间管控，提高岸线资源集约利用水平，继续完善"一河一策""一河一档"，明确河流管理范围，推动岸线保护利用规划审批和应用，协调开展河流健康评价，持续推动"清四乱"常态化、规范化，严格开展涉河建设项目审批和监管，推动河湖长制从"有名"

到"有实""有能";规范采砂管理,进一步压实采砂管理"4 个责任人"责任,疏堵结合,拓宽河道采砂管理思路,严厉打击非法采砂行为,实现河湖治理保护与砂石资源利用双赢;加快建设"水利一张图",充分利用云计算、大数据、数字孪生等新一代信息手段,强化数字河湖建设;依托河长制工作平台,推进规划实施,做好防洪减灾、水量分配调度、生态流量管控、水土保持等河长制六大任务中的相关工作,统筹协调跨省区河湖保护治理目标要求,推进幸福河湖建设,以健康完整的河湖功能支撑经济社会的可持续发展。

2.6.9　水利信息化

强化信息技术与水利业务工作的融合,推动安全实用、智慧高效的水利信息大系统构建,加快推进防汛抗旱、水工程建设、水资源开发利用等信息化系统建设,完成综合政务办公平台建设并上线运行,构筑坚实的水利信息化保障体系。

在国家防汛抗旱指挥系统(一期和二期)工程、全国水土保持监测网络与管理信息系统、农村水利信息管理系统、山洪灾害防治非工程措施、中小河流水文监测系统等的基础上,依托水利政务外网信息系统建设,基本建成覆盖全流域的水利信息网络,建设和完善流域各类基础数据库。水利通信设施建设涵盖水库通信、应急通信、异地会商系统、水利信息网、水利卫星通信网等。按照全国的水利信息化规划和国家水利数据中心建设指导意见,建设和完善水利空间数据库、水文数据库、水利工程数据库、水资源数据库、防汛抗旱数据库、水土保持数据库、灌区信息化数据库、水利行政管理基础信息数据库等。

第3章

环境影响评价

3.1 评价范围和环境保护目标

3.1.1 评价范围

拉林河流域综合规划各环境要素评价范围详见表 3.1-1。

表 3.1-1　　拉林河流域综合规划各环境要素评价范围表

环境要素	环境因子	评价范围
水文水资源	水文情势	主要为拉林河干流及主要支流牤牛河、细鳞河、卡岔河
	水资源	规划范围，重点为拉林河干流及主要支流牤牛河、细鳞河、卡岔河
水环境	水质	规划范围，重点为拉林河干流及主要支流牤牛河、细鳞河、卡岔河
生态环境	生态完整性	规划范围
	陆生生态	规划范围，重点为干支流两侧沿岸区域
	水生生态	拉林河干流及主要支流牤牛河、细鳞河、卡岔河

续表

环境要素	环境因子	评　价　范　围
生态环境	环境敏感区	自然保护区、饮用水水源保护区、国家森林公园、地质公园、水产种质资源保护区、天然林、珍稀濒危（或地方特有）野生动植物天然集中分布区，重要陆生动物迁徙通道、繁育和越冬场所、栖息和觅食区域，重要水生动物的自然产卵场及索饵场、越冬场和洄游通道，江河源头区，文物保护单位等
土地资源	土地利用	规划范围
社会经济	社会经济	规划范围

3.1.2　环境保护目标

以环境影响识别为基础，根据流域综合规划及流域环境特点，初步确定各环境要素保护目标，见表 3.1-2。

表 3.1-2　　　拉林河流域综合规划的环境保护目标

环境要素	环　境　保　护　目　标
水文水资源	水资源开发利用程度控制在合理范围，提高水资源利用效率，保障河道内生态环境需水，促进水资源可持续利用
水环境	维护河流、湖（库）水功能，保障水质安全。主要污染物入河湖总量控制在水功能区纳污能力范围之内，重要水功能区达标率达到95%以上，城镇供水水源地全面达标
生态环境	保护生态系统结构和功能完整性，保护生物多样性，重点保护生态敏感区和珍稀濒危陆生野生动植物种群及其栖息地。保护流域内湿地面积不减少，湿地生态功能不降低。保障河流生态需水，保护重要水生生物及其生境，维护干支流河流连通性
环境敏感区	保持自然保护区、水产种质资源保护区等重点保护生态功能区的生态功能基本稳定
土地资源	合理利用和保护土地资源，减少规划实施对土地资源破坏，保持土地资源可持续利用
社会经济	完善防洪减灾体系，改善城乡供水条件，提高群众饮水安全，促进流域经济社会可持续发展

3.2　现状调查与评价

3.2.1　水资源现状调查与评价

拉林河流域多年平均水资源总量为 46.80 亿 m^3，其中，地表水资源量 38.67 亿 m^3，地下水资源量 14.15 亿 m^3，地表水与地下水之间的不重复计算量为 8.13 亿 m^3。

流域现状水资源开发利用程度为 57.30%，其中，地表水资源开发利用程度为 51.67%，地下水资源开发利用程度为 76.59%，水资源开发利用程度相对较高。

3.2.2　水环境现状调查与评价

根据 2018 年水功能区监测成果，水功能区限制纳污红线考核双指标评价（化学需氧量或高锰酸盐指数、氨氮）结果分析，流域内 16 个重要水功能区中有 12 个达标，达标率 75%。不达标水功能区主要分布在磨盘山水库、拉林河干流的五常市以下河段、细鳞河的舒兰市河段。

拉林河干流的磨盘山水库出口、兴盛乡和苗家断面水质连续 5 年为Ⅲ类，能够达标；拉林河口断面水质 2015—2018 年为Ⅳ～Ⅴ类，连续 4 年均未达标，2019 年为Ⅲ类，断面水质达标。细鳞河的肖家船口断面近 5 年水质均能达标。卡岔河的龙家亮子断面水质较差，近 5 年水质在Ⅴ类到劣Ⅴ类之间，主要超标污染物为氨氮、化学需氧量、五日生化需氧量等。

拉林河流域浅层地下水水质总体处于Ⅲ～Ⅳ类，超标因子主要为铁、锰、硝酸盐 3 个指标。铁、锰超标主要为原生地层所致，依据国家环境质量标准并不能直接作为拉林河流域的污染指标。农业面源污染及氮肥不合理施用导致部分地区硝酸盐超标。

3.2.3　水生生态现状调查与评价

流域内磨盘山水库上游和龙凤山水库上游生境较好，分布细鳞鲑、江鳕等珍稀濒危鱼类，流域其他河段中、上游受人为干扰、水利设施建设的影响，主要分布洛氏鲅、北方须鳅、东北鳈、克氏鳈、雷氏七鳃鳗等小型冷水性鱼类为主，拉林河干流及支流中下游以鲤科鱼类为主。拉林河流域分布鱼类 6 目 15 科 68 种，本次水生生物 3 期、5 个断面的现场调查中，仅捕获鱼类 4 目 7 科 29 种。渔获物以鲤科鱼类为主 19 种，其他为鳅科鱼类 4 种，鲿科 2 种，塘鳢科、七鳃鳗科、鲇科、鳢科各 1 种。

3.2.4　陆生生态现状调查与评价

拉林河流域农田植被分布最广，其次为山杨林，蒙古栎林及椴、槭林、春榆、水曲柳、核桃林，草甸植被以小叶章、苔草草甸为主，主要分布在河流两侧地势低洼处，其余植被类型零散分布。流域内有国家重点保护植物 7 种，其中国家一级保护植物 1 种，为东北红豆杉；国家二级保护植物 6 种，分别为野大豆、红松、黄檗、紫椴、水曲柳和钻天柳。

拉林河流域国家级重点保护野生动物共计 46 种，其中，国家一级保护野生动物有紫貂、金雕、东方白鹳、丹顶鹤、大鸨、原麝、黑鹳和中华秋沙鸭等 9 种；国家二级保护野生动物 37 种。

3.2.5　环境敏感区现状调查与评价

拉林河流域环境敏感区主要包括 1 个国家级自然保护区，3 个省级自然保护区；2 个国家森林公园；1 个湿地公园；1 个国家级水产种质资源保护区；1 个国家重要饮用水水源地；2 个国家级文物保护单位。拉林河流域环境敏感区见表 3.2 - 1。

表 3.2 - 1　　　　　　　　拉林河流域环境敏感区

序号	敏感区名称	保护级别	批准时间	面积/hm²	所在地区
一	水环境敏感区				
1	哈尔滨市磨盘山水库饮用水水源保护区	国家级	2010 年	3112.8	黑龙江省五常市
2	舒兰市沙河水库生活饮用水源保护区	省级	2009 年	3884	吉林省舒兰市
3	舒兰市响水水库生活饮用水源保护区	省级	2009 年	1300	吉林省舒兰市

序号	敏感区名称	保护级别	批准时间	面积/hm²	所在地区
二	特殊生态敏感区——自然保护区				
1	五常大峡谷国家级自然保护区	国家级	2014 年	24998	黑龙江省五常市
2	黑龙江拉林河口自然保护区	省级	2009 年	17179	黑龙江省双城区
3	吉林扶余洪泛湿地自然保护区	省级	2009 年	44225	吉林省扶余市
4	龙凤湖省级自然保护区	省级	2009 年	15000	黑龙江省五常市
三	重要生态敏感区——森林公园				
1	龙凤国家森林公园	国家级	1997 年	21840	黑龙江省五常市
2	黑龙江凤凰山国家森林公园	国家级	2001 年	50000	黑龙江省五常市
四	重要生态环境敏感区——湿地公园				
1	吉林扶余大金碑湿地公园	国家级	2009 年	3068.4	吉林省扶余市
五	重要生态环境敏感区——地质公园				
1	黑龙江凤凰山国家地质公园	国家级	2012 年	50000	黑龙江省五常市
六	重要生态环境敏感区——水产种质资源保护区				
1	黑龙江省牤牛河龙凤山段国家级水产种质资源保护区	国家级	2011 年	55500	黑龙江省五常市

3.3　环境影响预测与评价

3.3.1　规划协调性分析

1. 与国家法律法规协调性分析

本规划的编制符合《中华人民共和国水法》《中华人民共和国环境保护法》等法律法规关于流域水资源开发利用、环境保护、水土保持、水污染防治、河道保护等相关规定。规划指导思想、总体目标、主要工程布局等符合国家有关法律法规的要求，在法律法规层面不存在制约因素。

2. 与宏观政策协调性分析

规划符合国家产业政策导向，对流域防洪、灌溉、水土保持、水源工程建设将产生深远影响，对促进经济社会又好又快发展具有重要推动作用，与当前的国家宏观政策相符合。

3. 与上层规划协调性分析

本规划与《中华人民共和国国民经济和社会发展第十四个五年规划和 2035 年远景目标纲要》《全国主体功能区规划》《全国生态功能区划（修编版）》《全国土地利用总体规划纲要》《国家综合防灾减灾规划》《全国新增 1000 亿斤粮食生产能力规划（2009—2020）》《松花江流域综合规划（2012—2030 年）》和《松花江和辽河流域水资源综合规划》等上层规划是协调的。

4. 与同层规划协调性分析

本规划与《吉林省国民经济和社会发展第十四个五年规划和 2035 年远景目标纲要》《黑龙江省国民经济和社会发展第十四个五年规划和 2035 年远景目标纲要》《吉林省主体功能区规划》《黑龙江省主体功能区规划》《吉林省环境保护"十四五"规划》《黑龙江省环境保护"十四五"规划》《吉林省土地利用总体规划》《黑龙江省土地利用总体规划》及《黑龙江省千亿斤粮食生产能力战略工程规划》等同层规划是协调的。

3.3.2　水文水资源影响预测与评价

1. 对水资源的影响

现状调出工程 1 处，为磨盘山水库引水工程，多年平均调出水量为 3.17 亿 m^3。2030 年规划调入工程 2 处，为引松济拉工程（引松入扶、引松入榆），多年平均调水量为 3.70 亿 m^3。

流域 2030 年水资源开发利用程度为 55.35%，较现状降低 1.96%。地表水开发利用程度为 53.07%，较现状增加 1.4%；地下水开发利用程度为 60.22%，较现状降低 16.37%。

2. 对生态流量的影响

2030 年，磨盘山断面各月生态流量满足程度与规划实施前保持一致，为 100%；友谊坝 10 月生态流量满足程度由规划前 100% 降低为规划后 96%，11 月由规划前 98% 降低为规划后 96%；流域出口 6 月和 9

月满足程度由规划前的 93％和 93％增加至规划后的 96％和 98％，7 月和
8 月由规划前的 100％减少至规划后的 98％。主要控制断面生态流量满
足程度均大于 90％。

3. 对水文情势的影响

规划的引松济拉工程取水占松花江吉林省榆树段多年平均流量的
2.3％，引水对于松花江吉林省榆树段流量影响很小。规划建设干棒河水
库和小苇沙河水库 2 座中型水库，水库建设对水文情势的影响主要体现
在库区水位上升、水域面积扩大、流速降低，以及下泄流量变化对坝址
下游河段水文情势的影响等方面。堤防和护岸修建将束窄河道，减少洪
水脉冲作用，提高洪水下泄能力，流速小幅增加，水位小幅上升，洪峰
传播过程加快，减少了洪水期水流对坡岸的冲刷。灌区规划实施后，农
田灌溉缺水量降低，供需矛盾一定程度得到缓解。

规划水平年磨盘山水库断面、友谊坝断面、流域出口断面多年平均
下泄水量较规划前有所减少，其中汛期下泄水量减少相对较多。

3.3.3　水环境影响预测与评价

1. 水质

根据水资源开发利用规划，对流域内城镇生产生活、农村生活、畜
禽养殖以及灌区退水等污染源排污情况进行了预测。2030 年，流域化学
需氧量、氨氮入河总量分别为 32809.95t、2491.66t，磨盘山水库出口、
兴盛乡、苗家断面年度水质达到Ⅲ类标准。

2. 水温

规划的小苇沙河水库与干棒河水库的库区水温结构均为分层型。规
划水库下游均没有灌区，水库下泄低温水的影响不大。

3. 富营养化

小苇沙河水库与干棒河水库的富营养状态指数分别为 40.59 和
41.33，均为中营养状态，不易发生富营养化。

4. 地下水环境

拉林河流域大部分新增灌区采用地表水进行灌溉，地表水溶解性固
体总量（TDS）相对较低，渗漏补给地下水后在一定程度上有助于降低
地下水 TDS，改善潜水水质。但由于农田耕作会使用大量的化肥和农

药，其中的氮、磷、有机农药等物质会随灌溉水渗入地下水，在一定程度上会造成地下水中的硝酸盐、亚硝酸盐、磷酸盐等污染物浓度升高，对地下水水质造成一定影响。

3.3.4 陆生生态影响预测与评价

规划堤防工程、灌区建设、水库等工程的实施，将导致工程范围内植被大部分被水面和永久建筑物替代，仅部分临时占地可进行植被恢复。但由于各项工程施工区域范围有限，不会使该区域内的陆生生物物种在空间分布格局和遗传结构发生明显的改变，也不会改变规划区域内的陆生植被类型和现有植物区系组成。

规划新增灌区不占用湿地，在现有耕地基础上发展，规划灌区采取节水措施后，用水量增加较少，不会挤占湿地用水，对湿地水源影响很小，对位于流域敏感区内的重要湿地影响很小，不会造成面积减少和功能降低。规划防洪工程仅新建 1.1km 堤防，新建堤防河流两侧均为农田，基本无湿地分布，因此，对湿地的影响很小。

另外，本规划实施水资源开发利用规划、水资源及水生态保护规划及水土保持等，该规划工程实施后，有利于缓解区域缺水的局面及改善区域水质，故有利于生物栖息地的改善，有利于陆生动物的生长与繁殖。

3.3.5 水生生态影响预测与评价

水库建设后，水库库区原有山区河流生境向湖库型生境转变，水生生物群落结构发生变化，鱼类区系组成、种群结构等向湖库型转变，种类趋于单一化；水库下游受水文情势影响（水温、水量、来水频次），坝下一定范围内水生生物栖息环境萎缩，生境庇护性减弱，水生生物的种类和数量将减少。根据水温预测，规划水库库区水温结构为分层型，在不采取措施的情况下下泄低温水，将改变下游河流的水温条件，对鱼类繁殖产生影响。另外水库工程对河道连通性产生影响，加大了拉林河流域生境破碎化程度。

新增灌区退水主要区间为卡岔河下游及拉林河干流下游拉林河吉黑缓冲区内。退水增加下游河道基流，有利于水生生态环境维持稳定，同时增加了生境空间，对水生生态环境产生有利影响。

3.3.6　环境敏感区影响预测与评价

灌区规划中有 0.5 万亩水田，涝区治理规划中有 13.6 万亩涝区治理工程位于吉林扶余洪泛湿地省级自然保护区的试验区内，灌区和涝区治理工程的实施将对吉林扶余洪泛湿地省级自然保护区试验区带来影响，已将这部分面积调出规划灌区及涝区治理范围。

3.3.7　规划方案环境合理性分析

1. 规划与规划环评的互动过程

坚持生态优先，绿色发展的理念。加强流域整体性保护，充分与黑龙江、吉林"三线一单"成果相衔接。规划环评工作在规划编制初期就已经介入，并在规划编制过程中多次不断与规划编制单位展开互动，及时反馈环评中发现的问题，并提出解决建议。

（1）取消了黑龙江省牤牛河龙凤山段国家级水产种质资源保护区试验区内规划的四平山水库和三道冲、龙源一、龙源二水电站。

（2）取消了细鳞河和牤牛河源头水保护区内规划的高台子水库和东升水电站。

（3）取消了位于牤牛河口、影响干支流鱼类洄游的大桃山水库工程。

2. 规划布局的环境合理性

（1）防洪减灾规划布局环境合理性分析。防洪减灾规划布局基本合理，拉林河干流堤防蔡家沟段、弓棚子段、更新段和得胜段涉及吉林扶余洪泛湿地省级自然保护区的缓冲区，堤防工程全部为已有堤防，本次规划只是在已有堤防的基础上培高加厚，施工时应取得保护区主管部门同意；涝区规划中涉及吉林省的骑马屯涝区、张敏涝区、西南岔涝区、河兰涝区、大窑涝区、杨家涝区和四方台涝区 7 个涝区治理位于吉林扶余洪泛湿地省级自然保护区的试验区内，规划编制部门已将位于自然保护区试验区的涝区治理面积调出本次规划范围。

（2）灌区规划布局环境合理性分析。规划灌区在现有耕地基础上发展，不占用湿地，也无新垦耕地，仅通过改造灌溉设施，配置水源，发展农田灌溉面积，对区域的土地利用格局影响较小，布局基本合理。

（3）水资源及水生态保护规划环境合理性分析。规划有针对性地提出了水资源及水生态保护规划布局，妥善处理了生态环境保护与开发利用、经济社会可持续发展之间的关系，对保护流域生态环境具有重要意义，水资源及水生态保护规划布局总体合理。

3. 规划规模的环境合理性分析

（1）防洪减灾规划规模环境合理性分析。流域内堤防的修建、中小河流治理、河道整治、山洪灾害和涝区的治理，可以有效地保护流域内7市（区）的365万人口生命财产安全，可以保护流域内1450万亩耕地获得丰收，保障国家粮食安全。流域内大部分堤防工程都在已有堤防基础上培高加厚，不新增占地，对环境影响不大。防洪减灾规划从环境角度分析基本合理。

（2）水资源配置方案合理性分析。2030年拉林河流域河道外配置水量为26.43亿 m^3 ，其中生活用水为1.57亿 m^3 、工业用水为1.44亿 m^3 、农业用水为23.29亿 m^3 、河道外生态环境用水为0.13亿 m^3 ，分别占配置水量的5.94％、5.47％、88.11％、0.48％。

拉林河流域多年平均情况下地表水资源量为38.67亿 m^3 。规划2030年流域内地表水资源配置量为17.35亿 m^3 ，考虑向外流域调出水量3.17亿 m^3 （磨盘山水库引水工程）和外流域调入水量3.70亿 m^3 （引松济拉工程）的影响，地表水资源开发利用程度为53.07％。由于拉林河位于哈尔滨断面以上，属于水资源供需矛盾突出区域，且规划水平年的地表水开发利用程度基本接近《松花江和辽河流域水资源综合规划》估算的松花江流域地表水资源开发利用程度上限，为保障流域水资源及经济社会的可持续发展，不宜再进一步提高地表水开发利用程度。

拉林河流域地下水可开采量为8.93亿 m^3 。规划2030年流域内地下水资源配置水量为5.38亿 m^3 。地下水资源配置水量小于地下水可开采量，实现了浅层地下水不超采、深层承压水不开采的目标。2030年流域出口断面多年平均下泄水量为21.27亿 m^3 。规划水平年各控制断面下泄流量能够满足生态基流指标要求。

拉林河流域2030年用水总量控制指标为26.43亿 m^3 ，其中黑龙江省用水总量控制指标为13.82亿 m^3 ，吉林省用水总量控制指标为12.61亿 m^3 ，拉林河流域综合规划既要尽最大可能服务流域内两省经济社会发展，又要满足整个拉林河流域经济社会发展和生态环境保护的要求。

拉林河流域地表水开发利用程度由现状 51.67％增加到 53.07％；地下水开发利用程度由现状 76.59％降低到 60.22％，拉林河流域水资源开发利用程度由 57.31％降到 55.35％。地表水开发利用程度增加 1.4％，地下水开发利用程度降低了 16.37％，地表水置换地下水，流域地下水得到了保护，拉林河流域水资源开发利用程度下降 1.96％。在该规划方案下，拉林河流域生态基流及下游湿地生态需水基本可以得到满足，因此，从环境角度而言，水资源配置方案基本合理。

4. 灌区发展合理性分析

规划灌区现状均为水田或水浇地，不开垦荒地和破坏湿地资源，对土地利用格局影响不大。新建松卡灌区水源来自松花江吉林省段，土地利用现状为种植多年的水田，在保证原有耕地面积和耕地类型不变的情况下，整合以前靠地下水灌溉的水田，建成大型灌区，提高水田灌溉保证率，减少对地下水的开采量，缓解了拉林河流域农田灌溉缺水现象，但是从外流域调水增加了本流域农田退水污染负荷，对水环境有一定不利影响，需要采取相应措施，减缓不利影响。

由于受水资源条件制约，黑龙江省水田灌溉面积未来不宜再进一步扩大，未来通过强化节水、调整种植结构等措施，在满足河道生态需水的前提下，可在用水量控制指标的范围内确定适宜灌溉规模。从环境角度分析，拉林河流域灌区规划基本合理。

3.4 环境影响减缓措施

3.4.1 水资源保护对策措施

1. 预防性措施

加强计划用水管理，提高用水效率，加强用水监督管理，强化农业取用水管理和监测，依法审批水资源论证报告书、取水许可申请、取水户年度取水计划、开展水资源论证后评估工作，发挥水资源约束和导向性作用。

深入落实最严格水资源管理制度，根据流域内黑龙江省和吉林省的水资源配置方案和水量分配方案，落实"三条红线"控制指标以及覆盖省、市、县三级的用水总量控制指标，进一步加强流域水资源管控。

2. 减量化措施

拉林河流域农业用水占总用水量的 88.11%，农田灌溉是节水的重点行业。目前农业灌溉用水效率较低，与节水先进地区相比仍有待提高。要实现水资源的可持续利用，为流域经济社会高质量发展提供支撑和保障，在流域内要大力推进节水型社会建设。

优化农业结构和种植结构，大力发展现代高效节水农业，运用工程、农艺、生物和管理等综合节水措施，提高农田灌溉水有效利用系数；严格限制建设高耗水和高污染工业项目，大力推广节水工艺、节水技术和节水设备，降低万元工业增加值用水量；加快供水管网技术改造，全面推行节水型用水器具等，提高流域内用水效率。

各地区、各部门应该严格按照地下水配置量合理开发利用地下水资源，相关管理部门应进一步完善监管制度和保障体系，杜绝超采浅层地下水和开采深层承压水的情况发生。

3.4.2　水环境保护对策措施

1. 工业污染防治

开展污染源调查摸底工作，列出重点监管企业名单，建立工作台账。对于拉林河沿线工业企业，未建有污水处理设施的必须限期建设、投入使用，并由相关部门组织验收，严格控制生产废水排污浓度。加强对工业污染源的调查整治力度，对超标排污企业，应进行污水处理设施的改造，达不到要求的必须减产、限期治理甚至关停。

2. 城镇污水处理系统建设

五常市兴建完备的生活污水收集管网，建设具备相应污水处理能力的污水处理厂，并以污水处理厂为中心，污水收集系统收集、处理原经集中排放口直排的生活污水与城区工业废水，将排入河流的污水进行截流，彻底根除两岸的污水直排口。加强城镇基础设施建设项目，采取工程措施、生物措施和节水措施，积极构建城镇水污染综合治理工程体系，实现城镇水环境质量达标。

3. 垃圾处理系统建设

应建立健全城镇生活垃圾清扫、收集、运输系统和保障机制，严禁生活垃圾沿河倾倒和堆放污染水体。采用填埋、堆肥等成熟的垃圾处理方式进行处理，并建设一定数量的生活垃圾无害化处理场站。对不具备条件的城镇，建设生活垃圾简易卫生填埋场进行填埋处理。同时开展生活垃圾综合回收利用项目，回收可再生利用资源，提高废弃物综合利用率，减轻环境负荷。

4. 农村环境综合整治

加强畜禽养殖业污染控制，每个行政村建设一个粪便发酵场，形成有机肥生产基地的示范工程。散养密集区要实行畜禽粪便污水分户收集、集中处理利用。科学划定畜禽禁养区，有效防治畜禽养殖污染。现有规模化畜禽养殖场（小区）要根据污染防治需要，配套建设粪便污水贮存、处理、利用设施。

5. 水环境综合治理

落实目标责任制，加强项目全程管理。水质未达标前应采取区域限批等措施，强化环境质量目标管理。根据许可排放量分配结果，结合国家排污许可制度建设，提出依法核发排污许可证的制度保障措施。未完成区域环境改善目标要求的，暂停审批涉及水污染物排放的建设项目准入。新建、改建、扩建重点行业建设项目实行主要污染物排放倍量置换。

合理布设灌区排水沟渠，考虑渠灌与井灌联合灌溉，严格控制地下水位，防止土壤次生盐渍化。控制灌区地下水水位在合理区间，加强对于地下水水质的监控。

3.4.3 陆生生态环境保护措施

尽可能减少对农田和植被的淹没及占用；加强原生植被的保护与修复；对珍稀保护野生植物应采取异地抚育补偿的措施加以保护，在周边地区选择适宜生境重新栽种。

认真贯彻野生动物保护法规。规划工程实施应尽量避开5—7月野生动物主要繁殖期，避免施工噪声对野生动物繁殖产生干扰；规范施工活动，加强施工人员管理。

保护流域内湿地面积不降低，湿地功能不减少。确保新增灌区不占用湿地，规划须保证主要控制断面流量及下泄过程，保障湿地生态用水。重点保护黑龙江拉林河口湿地保护区、吉林扶余洪泛区湿地省级自然保护区、大金碑国家湿地公园等敏感区。

3.4.4 水生生态环境保护措施

在本次规划中充分贯彻执行了环境影响评价早期介入的原则，对早期规划水电站提出了优化建议。规划堤防建议采用生态护岸等生态友好型工程设计，并应合理规划河道涉水工程施工时间，避开鱼类繁殖期、洄游期。干棒河水库和小苇沙河水库采取分层取水措施，保障主要控制断面生态流量正常下泄。建议将磨盘山水库以上河段作为拉林河天然生境保留区，维护拉林河流域鱼类资源，规划水库采取增殖放流措施，减轻规划实施造成的不利影响。

3.4.5 环境敏感区保护对策措施

规划涉及自然保护区等保护对象的工程，要严格执行《中华人民共和国自然保护区条例》等有关法律法规和有关政策性文件规定。

3.4.6 跟踪评价方案

规划实施的环境影响、拉林河流域环境质量变化趋势及其与环境影响报告书结论的比较分析；规划实施中环保对策和措施的落实情况及所采取的预防或者减轻不良环境影响的对策和措施的有效性分析；根据拉林河流域环境变化趋势、程度及原因的调查、分析，及时提出优化规划方案或目标的意见和建议，制定补救措施和进行阶段总结，尽可能减轻规划的环境影响。

3.5 评价结论

拉林河流域综合规划实施后，社会、经济和生态环境效益显著。防洪、治涝规划实施，可提升区域防洪治涝标准，保障人民生命财产安全，促进社会安定和经济社会发展；供水、灌溉规划实施，可提升城乡用水保证率，提高灌区经济效益；水资源及水生态环境保护规划实施，可改善拉林河水质，提升流域水生态环境质量；水土保持规划实施，可促进生态建设，改善流域内生产生活条件；流域管理规划实施，可整合跨地区和跨部门的协调机制，实现流域全方位统一管理。

拉林河流域综合规划的实施，会对流域内局部河段水文情势、水生生态、陆生生态、环境敏感区等带来一定的不利环境影响，在落实水资源及水生态保护、水土保持规划及本报告提出的各项环境保护对策措施的条件下，不利环境影响可得到有效减缓，促进流域经济社会与生态环境协调可持续发展。

第 4 章

规划实施效果评价

规划的实施，将进一步健全与流域经济社会发展和生态文明建设相适应的水资源保障体系、防洪减灾体系、水资源及水生态保护体系、流域综合管理体系，能够全面提升流域水安全保障能力，社会效益、生态环境效益和经济效益显著。

4.1 水资源可持续利用能力有效提升

规划实施后，通过蓄、引、提等水源工程建设，流域逐步形成较为完善的水资源安全供给体系。通过水资源合理配置，保障国家粮食主产区、健康和良性的生态系统、城乡供水安全等用水需求。流域国民经济用水在正常年份能够达到供需平衡，中等干旱年基本实现供需平衡，遇特殊干旱年及突发水污染事故时做到有应对措施。通过灌区配套和扩建、新建灌溉工程，可增加灌溉面积 190 万亩，农田有效灌溉面积由现状的391 万亩提高到 541 万亩，为稳定粮食生产、保障国家粮食安全发挥了重要作用。

4.2 水资源利用效率和效益明显提高

2030 年，流域水田灌溉水有效利用系数由基准年的 0.52 提高到

0.62，流域水田毛定额（75％）预计从基准年的 745m³/亩降到 2030 年的 624m³/亩；工业综合重复利用率由基准年的 62％提高到 84％，万元工业增加值用水量由基准年的 25m³ 降低到 13m³ 左右，高用水工业万元增加值用水量由基准年的 50m³ 降低到 35m³，一般工业万元增加值用水量由基准年的 20m³ 降低到 10m³。规划实施后，流域单方水产出 GDP 由现状的 34 元提高到 78 元，单方水工业增加值产出由现状的 14 元提高到 31 元，均提高 2 倍多。规划实施后，促进了节水型社会建设，显著提高了水资源利用效率和效益。

4.3 防洪减灾能力显著提高

规划实施后，拉林河流域建成较为完善的防洪体系。堤防及河道整治工程基本完成，中小河流治理取得成效，山洪灾害防治措施进一步完善；水文基础设施条件全面改善，洪水预警预报系统、防汛指挥系统全部建成，洪水预报调度更加可靠。届时，流域防洪保护区将达到规划防洪标准，防洪能力大大提高，防御中小河流、山洪灾害能力进一步增强。发生规划标准洪水时，通过工程和非工程防洪措施的联合运用，可以保障防洪保护区防洪安全，经济社会活动正常进行；发生超标准洪水时，有预定的方案和切实的措施，可最大限度减少人民群众生命财产损失，保持社会和谐稳定。

4.4 水生态与水环境状况得到显著改善

规划的实施，可进一步提高饮用水水源地的水资源质量，实现水功能区水质目标，为流域经济社会发展以及国家粮食安全提供水资源保证条件，落实水功能区纳污控制红线，促进拉林河流域水污染防治规划的有效实施。

规划实施后，保证了河流生态所需的下泄水量，恢复了河流和地下水系统的自然和生态功能，退减了挤占的湖泊湿地生态环境用水，促进了河湖水生态的良性循环。

规划实施后，流域水土流失预防和监督管理力度加大，林草资源和耕地资源得到有效保护，重点区域的水土流失得到有效治理，流域的人为水土流失得到全面控制。

4.5 流域管理得到切实加强

规划实施后，流域涉水事务管理将得到全面规范和加强，流域管理与行政区域管理的关系将进一步理顺，事权划分更加清晰合理，流域管理与行政区域管理相结合的水资源管理体制得到有效落实。洪水风险管理制度、洪水影响评价制度将进一步建立健全，工程和非工程体系进一步完善，防汛抗旱能力得到切实提高。通过加强水资源监管，严格控制用水总量的非理性增长，全面推进节水型社会建设，实行最严格的水资源管理制度，使经济社会发展与水资源承载力和水环境承载力更趋协调。水功能区管理全面加强，流域联合防污工作机制更加完善，河流水质逐步改善。水土流失预防和监督管理力度加大，人为水土流失得到严格控制。河湖管理更加规范和严格。水利信息化进程快速推进，基本实现水利现代化建设目标。

水量分配方案篇

第 5 章

水 量 分 配 方 案 总 论

5.1 水量分配方案编制工作情况

为落实《中华人民共和国水法》等法律法规和最严格的水资源管理制度，水利部全面推进用水总量控制指标方案和主要江河流域水量分配方案编制工作。2010 年 12 月，水利部批复了《全国主要江河流域水量分配方案制订（2010 年）任务书》，明确 2010 年启动包括嫩江流域、松花江吉林省段、东辽河流域、拉林河流域在内的 25 条河流的水量分配工作，并于 2011 年 1 月成立了水量分配工作领导小组及办公室。2011 年 5 月，水利部水量分配工作领导小组办公室提出了《水量分配工作方案》，水规总院编制完成了《水量分配方案制订技术大纲》（试行稿），水利部召开全国主要江河流域水量分配工作会议，全面部署主要江河流域水量分配方案编制工作。

按照水利部《关于成立水利部水量分配工作领导小组的通知》（水人事〔2011〕23 号）文件要求，水利部松辽水利委员会（以下简称松辽委）于 2011 年 4 月印发了《关于成立松辽流域水量分配工作领导小组的通知》（松辽水资源〔2011〕76 号）。2011 年 8 月 9 日，松辽委组织召开江河流域水量分配工作会议，审议《嫩江、第二松花江、东辽河、拉林河水量分配方案工作大纲》（以下简称《工作大纲》），对《工作大纲》提出了修改意见，并征求了流域相关省（自治区）水利厅的意见；2011 年 11 月 9 日，对修改后的《工作大纲》进行了第二次审议。

按照流域水量分配工作领导小组审议通过的《工作大纲》，松辽委组织开展了大量技术方案分析计算和方案编制工作。2012 年 8 月 17 日，水利部水利水电规划设计总院（以下简称水规总院）对《嫩江、第二松花江、东辽河、拉林河水量分配方案》（以下简称《四条河水量分配方案》）进行了技术咨询。根据咨询意见，修改完善《四条河水量分配方案》。2012 年 11 月 9 日，松辽委在长春市召开了《四条河水量分配方案》专家咨询会议。根据专家意见，修改补充《四条河水量分配方案》，并行文征求了各省（自治区）意见，根据各省（自治区）意见，修改完善《四条河水量分配方案》，并对各省（自治区）意见进行了反馈。2013 年 3 月 31 日，水规总院在北京组织召开了《四条河水量分配方案》成果技术咨询会，根据与会专家的意见，修改完善《四条河水量分配方案》（征求意见稿）。

2013 年 7—9 月，由松辽委副总工带队赴各省（自治区）进行协调，根据协调意见，修改形成《四条河水量分配方案》（送审稿）。2013 年 11 月 22—24 日水规总院在北京组织召开了《四条河水量分配方案》（送审稿）审查会。根据审查意见修改完善《四条河水量分配方案》（送审稿）。

本次水量分配方案制订根据《全国主要江河流域水量分配方案制订（2010 年）任务书》以及《水量分配方案制订技术大纲（试行稿）》的要求，以《松花江和辽河流域水资源综合规划》（以下简称《水资源综合规划》）为基础，结合流域特点和流域近几年的实际发展情况，依据松辽委 2016 年 1 月编制完成并通过水规总院审查的《拉林河流域综合规划》成果，编制《拉林河流域水量分配方案编制说明》。

拉林河流域面积 19923km^2，流域内有黑龙江和吉林两省，多年平均水资源总量为 46.80 亿 m^3，其中地表水资源量为 38.67 亿 m^3，平原区浅层地下水可开采量为 8.93 亿 m^3。本次水量分配重点是如何确定黑龙江和吉林两省用水份额，以便解决省际间用水矛盾。

5.2　河流跨省界情况

拉林河是黑龙江、吉林两省界河，穿行于黑龙江、吉林两省的尚志、五常、双城、舒兰、榆树、扶余、阿城 7 市（区），拉林河河长 450km，其中省界河长 265km。流域面积 19923km²，其中黑龙江省流域面积 11222km²，占全流域面积的 56.33%；吉林省流域面积 8701km²，占全流域面积的 43.67%。

5.3　水量分配方案制订的意义和技术路线

5.3.1　水量分配方案制订的必要性

（1）水量分配方案制订是推进依法行政的基本要求。《中华人民共和国水法》明确规定：国家对用水实行总量控制和定额管理相结合的制度；根据流域规划，以流域为单元制订水量分配方案。2007 年，水利部颁布了《水量分配暂行办法》，对水量分配工作的原则、依据、内容、程序和监管等进行了规范。因此，水量分配方案制订是落实法律责任、推进依法行政的必然选择。

（2）水量分配方案制订是加强水资源宏观调控、实现以水资源可持续利用支撑经济社会可持续发展的客观需要。拉林河为松花江干流一级支流，流域跨黑龙江和吉林两省。随着经济社会的快速发展、用水需求越来越大，水资源开发利用程度加剧，给河流的生态健康、水资源可持续利用带来了重大挑战，为了使水资源能够得到比较合理的利用，缓解地区间、上下游间以及行业间的用水矛盾，制订拉林河流域水量分配方案是非常必要的。

（3）水量分配方案制订是落实最严格水资源管理制度的基本要求。迫切需要依据《水资源综合规划》开展拉林河流域水量分配工作，制订拉林河流域水量分配方案，明确各省不同水平年的用水总量控制指标，为实现最严格的水资源管理制度、确立水资源开发利用控制红线奠定基础。

（4）水量分配方案制订是保证河道内生态环境用水的基本要求。随着拉林河流域经济社会的不断发展，流域对水资源的需求越来越大，因此，迫切需要制订拉林河流域水量分配方案，保障河道内生态环境用水，确保拉林河出口处生态环境需水量。

5.3.2 水量分配方案制订的目的

拉林河流域水量分配方案的目的是以促进水资源合理配置、维系良好生态环境和节约保护水资源为目标，按照实行最严格水资源管理制度的要求，明晰拉林河流域各省级行政区用水总量控制指标、制订拉林河流域水量分配方案，建立取用水总量控制指标体系，确立水资源开发利用控制红线。

5.3.3 工作范围及水平年

水量分配范围为拉林河流域，面积 $19923km^2$，行政区划包括黑龙江省和吉林省。

现状年：2013 年；近期水平年：2020 年；远期水平年：2030 年。

5.3.4 工作任务

根据《中华人民共和国水法》的有关规定，按照水利部颁布的《水量分配暂行管理办法》和《全国主要江河流域水量分配方案制订（2010年）任务书》以及《关于做好水量分配工作的通知》（水资源〔2011〕368 号）的有关要求，以《水资源综合规划》为基础，结合流域已有分水协议及管理实际情况，制订拉林河流域水量分配方案。

拉林河流域水量分配方案的主要成果如下：

（1）明确主要控制断面的最小生态环境需水指标。

（2）提出多年平均情况以及 $P=50\%$、$P=75\%$、$P=90\%$ 时分配给各省级行政区的地表水取用水量和地表水耗损水量成果，以及主要控制断面下泄水量要求等。

5.3.5 总体思路

水量分配方案制订要在控制流域内地下水合理开采的前提下，以江河流域所在水资源分区和流域分配给省级行政区的用水总量控制指标为上限，依据《水资源综合规划》确定的水资源配置方案，统筹考虑流域间调水、河道内外用水；统筹考虑干流和支流、上游和下游、左岸和右岸用水；统筹考虑现状用水变化情况和未来发展需求、水资源开发利用和生态环境保护等关系。在优先保障河道内基本用水要求的基础上，按照实行最严格水资源管理制度的要求，以促进水资源节约、保护和合理配置为目标，按照取水量和耗损量进行双重控制，并结合主要断面控制指标进行流域管理。

5.3.6 技术路线

（1）收集整理2003—2013年水资源公报成果，对近10年来的水资源及其开发利用状况变化趋势进行分析；对《水资源综合规划》水文系列代表性和需水预测成果进行复核；整理和分析2030年流域套省级行政区水资源配置方案成果。

（2）以《水资源综合规划》和《拉林河流域综合规划》水资源配置成果为基础，结合流域特点和水资源管理实际需要，依据《拉林河流域综合规划》水资源配置成果，以规划水平年配置成果确定流域用水总量控制指标。

（3）分析流域河道内生态对水资源的需求，依据《拉林河流域综合规划》水资源配置成果中地表水配置量确定地表水可分配水量。

（4）在控制流域内各省级行政区地下水合理开采量、保障河道内基本生态环境用水要求的前提下，结合水资源配置成果，与用水总量成果相衔接，综合考虑流域内区域间用水关系，按照水量分配的原则，合理确定流域分配给各省级行政区河道外利用的地表水取用水量份额和地表水耗损量份额。

（5）根据流域水平衡及其转化关系，按照《拉林河流域综合规划》确定的河道内生态环境用水要求，合理确定流域内主要控制断面的下泄水量及主要支流入干流河口断面控制下泄量成果。

（6）从水资源开发利用的合理性、与经济社会发展的协调性和生态环境用水的满足程度等方面分析水量分配的合理性。

拉林河流域水量分配方案制订技术路线见图5.3-1。

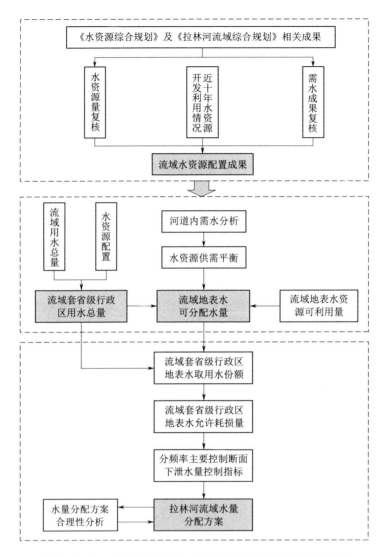

图 5.3-1　拉林河流域水量分配方案制订技术路线图

5.4　指导思想、分配原则及编制依据

5.4.1　指导思想

全面贯彻落实党中央决策部署，紧紧围绕"四个全面"战略布局，坚持"创新、协调、绿色、开放、共享"的发展理念，按照习近平总书记

"节水优先、空间均衡、系统治理、两手发力"治水思路，以落实最严格水资源管理制度、实施水资源消耗双控行动为抓手，按照全面建设资源节约型、环境友好型社会要求，统筹协调人与自然的关系、区域之间的关系和兴利与除害、开发与保护、整体与局部、近期与长远的关系，把水资源合理配置、水量分配作为本次工作的重点，以水资源的可持续利用支撑经济社会的可持续发展，为保障国家粮食安全、创建和谐社会奠定基础。

5.4.2　分配原则

（1）公平公正、科学合理。充分考虑各行政区域经济社会和生态环境状况、水资源条件和供用水现状、未来发展的供水能力和用水需求，妥善处理上下游、左右岸的用水关系，做到公平公正。合理确定流域和区域用水总量控制指标，科学制定水量分配方案。

（2）生态优先、可持续利用。正确处理水资源开发利用与生态环境保护的关系，合理开发利用水资源，有效保护生态环境。通过科学配置生活、生产和生态用水，留足流域河道内生态环境用水，支撑经济社会的可持续发展。

（3）优化配置、强化节约。按照节水优先的要求，根据拉林河流域细化分区后进行供需平衡计算，合理确定强化节水条件下水量分配涉及的各相关地区取用水水量份额，促进用水效率和效益的提高，抑制经济社会用水的过快增长。

（4）因地制宜、统筹兼顾。充分考虑不同区域水资源条件和经济社会发展的差异性，因地制宜、符合实际、便于操作。

（5）民主协商、行政决策。建立科学论证、民主协商、行政决策的水量分配工作机制，充分进行方案比选和论证，广泛听取各方意见，民主协商，为科学行政决策提供坚实保障。

5.4.3　编制依据

5.4.3.1　法律、法规

（1）《中华人民共和国水法》。

（2）《中华人民共和国环境保护法》。

（3）《取水许可和水资源费征收管理条例》（国务院令第 460 号）。

（4）《水量分配暂行办法》（水利部令第 32 号）。

（5）《取水许可管理办法》（水利部令第 34 号）。

5.4.3.2 国家、行业、地方标准

（1）《江河流域规划编制规范》（SL 201—2015）。

（2）《水资源评价导则》（SL/T 238—1999）。

（3）《评价企业合理用水技术通则》（GB/T 7119—1993）。

（4）《节水灌溉工程技术标准》（GB/T 50363—2018）。

（5）吉林省地方标准《用水定额》（DB22/T 389—2014）。

（6）黑龙江省地方标准《用水定额》（DB23/T 727—2017）。

（7）《水资源供需预测分析技术规范》（SL 429—2008）。

（8）《地表水环境质量标准》（GB 3838—2002）。

（9）《生活饮用水卫生标准》（GB 5749—2006）。

（10）《地下水质量标准》（GB/T 14848—2017）。

（11）《地表水资源质量标准》（SL 63—1994）。

（12）《污水综合排放标准》（GB 8978—1996）。

5.4.3.3 技术性文件

（1）《中华人民共和国国民经济和社会发展第十一个五年规划纲要》《中华人民共和国国民经济和社会发展第十二个五年规划纲要》。

（2）《松花江和辽河流域水资源综合规划》。

（3）《松花江流域综合规划（2012—2030 年）》。

（4）《振兴东北老工业基地水利规划报告》。

（5）《全国水资源综合规划技术细则》。

（6）《全国用水总量控制及江河流域水量分配方案制定技术大纲》。

（7）《嫩江、第二松花江、东辽河、拉林河流域水量分配方案制定工作大纲》。

（8）《松辽流域水资源公报》（2001—2013 年）。

（9）《哈尔滨市、长春市、吉林市、松原市水资源公报》（2001—2013 年）。

第6章

水量分配方案

6.1 流域需水预测成果复核

6.1.1 流域水资源开发利用趋势分析

6.1.1.1 供水量

根据拉林河各地市水资源公报成果，拉林河流域供水量 2001 年为 16.14 亿 m³，2013 年为 24.95 亿 m³，供水量呈上升趋势。从供水水源来看，供水量以地表水为主。拉林河流域供水情况详见表 6.1-1，2001—2013 年拉林河流域供水量趋势分析见图 6.1-1。

表 6.1-1　　　　　　　拉林河流域供水情况表

省　级	年份	地表水供水量/亿 m³	地下水供水量/亿 m³	总供水量/亿 m³
黑龙江省	2001	6.98	3.31	10.29
	2002	7.07	3.37	10.44
	2003	6.74	3.21	9.95
	2004	9.01	4.27	13.28
	2005	9.05	4.29	13.34

续表

省 级	年份	地表水供水量/亿 m³	地下水供水量/亿 m³	总供水量/亿 m³
黑龙江省	2006	9.07	4.31	13.38
	2007	8.84	4.2	13.04
	2008	8.95	4.25	13.2
	2009	8.85	4.07	12.92
	2010	9.55	3.94	13.49
	2011	9.6	4.08	13.68
	2012	9.47	4.31	13.78
	2013	12.01	4.21	16.22
	平均值	8.86	3.99	12.85
吉林省	2001	3.17	2.68	5.85
	2002	3.54	2.36	5.9
	2003	3.54	2.36	5.9
	2004	4.21	1.4	5.61
	2005	4.77	1.49	6.26
	2006	4.43	2.06	6.49
	2007	5.4	2.44	7.84
	2008	3.29	2.8	6.09
	2009	4	2.89	6.89
	2010	3.58	3.23	6.81
	2011	4.77	2.9	7.67
	2012	4.85	2.79	7.64
	2013	5.53	3.2	8.73
	平均值	4.24	2.50	6.74
拉林河流域	2001	10.15	5.99	16.14
	2002	10.61	5.73	16.34
	2003	10.28	5.57	15.85
	2004	13.22	5.67	18.89

续表

省级	年份	地表水供水量 /亿 m³	地下水供水量 /亿 m³	总供水量 /亿 m³
拉林河流域	2005	13.82	5.78	19.6
	2006	13.5	6.37	19.87
	2007	14.24	6.64	20.88
	2008	12.24	7.05	19.29
	2009	12.85	6.96	19.81
	2010	13.13	7.17	20.3
	2011	14.37	6.98	21.35
	2012	14.32	7.1	21.42
	2013	17.54	7.41	24.95
	平均值	13.10	6.49	19.59

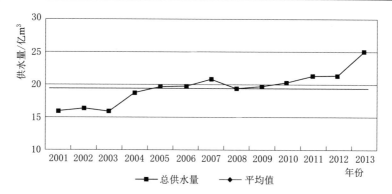

图 6.1-1　2001—2013 年拉林河流域供水量趋势分析图

6.1.1.2　用水量

2001—2013 年拉林河流域用水量呈上升趋势。农业用水量占总用水量比例最大，到 2013 年农业用水量达到 22.29 亿 m³，特别是近些年来五常大米享誉国内，促使水田灌溉面积快速发展。2001—2013 年水田面积由 180.44 万亩增加到 278.30 万亩，增加水田灌溉面积 97.86 万亩，农田灌溉用水量由 13.78 亿 m³ 增长到 21.45 亿 m³，增加水量 7.67 亿 m³。拉林河流域用水情况见表 6.1-2，2001—2013 年拉林河流域各行业平均用水比例见图 6.1－2。

表 6.1－2　　　　　拉林河流域用水情况表

省级	年份	农业/亿 m³	工业/亿 m³	生活/亿 m³	生态/亿 m³	合计/亿 m³
黑龙江省	2001	9.1	0.55	0.62	0.02	10.29
	2002	9.35	0.48	0.59	0.02	10.44
	2003	8.75	0.54	0.64	0.02	9.95
	2004	12.3	0.38	0.58	0.02	13.28
	2005	12.36	0.37	0.59	0.02	13.34
	2006	12.38	0.44	0.54	0.02	13.38
	2007	12.02	0.47	0.53	0.02	13.04
	2008	12.12	0.52	0.54	0.02	13.2
	2009	11.72	0.6	0.58	0.02	12.92
	2010	12.25	0.52	0.7	0.02	13.49
	2011	12.47	0.64	0.55	0.02	13.68
	2012	12.43	0.73	0.6	0.02	13.78
	2013	14.62	1.1	0.48	0.02	16.22
	平均值	11.68	0.56	0.59	0.02	12.85
吉林省	2001	5.34	0.17	0.33	0.01	5.85
	2002	5.35	0.17	0.37	0.01	5.9
	2003	5.35	0.17	0.37	0.01	5.9
	2004	4.53	0.45	0.62	0.01	5.61
	2005	5.15	0.46	0.64	0.01	6.26
	2006	5.54	0.43	0.51	0.01	6.49
	2007	6.54	0.59	0.7	0.01	7.84
	2008	5.04	0.51	0.53	0.01	6.09
	2009	5.77	0.52	0.59	0.01	6.89
	2010	5.51	0.46	0.83	0.01	6.81
	2011	6	1.02	0.64	0.01	7.67
	2012	5.93	0.96	0.74	0.01	7.64
	2013	7.67	0.66	0.39	0.01	8.73
	平均值	5.67	0.51	0.55	0.01	6.74

续表

省级	年份	农业 /亿 m³	工业 /亿 m³	生活 /亿 m³	生态 /亿 m³	合计 /亿 m³
拉林河流域	2001	14.44	0.72	0.95	0.03	16.14
	2002	14.7	0.65	0.96	0.03	16.34
	2003	14.1	0.71	1.01	0.03	15.85
	2004	16.83	0.83	1.2	0.03	18.89
	2005	17.51	0.83	1.23	0.03	19.6
	2006	17.92	0.87	1.05	0.03	19.87
	2007	18.56	1.06	1.23	0.03	20.88
	2008	17.16	1.03	1.07	0.03	19.29
	2009	17.49	1.12	1.17	0.03	19.81
	2010	17.76	0.98	1.53	0.03	20.3
	2011	18.47	1.66	1.19	0.03	21.35
	2012	18.36	1.69	1.34	0.03	21.42
	2013	22.29	1.76	0.87	0.03	24.95
	平均值	17.35	1.07	1.14	0.03	19.59

注 农业用水中包含牲畜用水，工业用水中包含城镇公共用水。

6.1.2 需水预测成果复核

6.1.2.1 需水预测成果

《水资源综合规划》预测拉林河流域 2020 年多年平均总需水为 21.77 亿 m³；2030 年总需水为 22.48 亿 m³。

拉林河流域是黑龙江、吉林两省重要的商品粮基地之一，五常市因盛产粳稻而闻名，近些年来由于五常大米品质上乘，价格高，农民种植积极性高，致

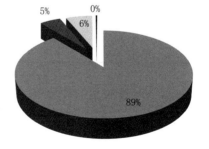

图 6.1-2 2001—2013 年拉林河流域各行业平均用水比例

使流域内农业用水大幅度增加，现状年黑龙江省农业用水为 14.62 亿 m³；《松花江和辽河流域水资源综合规划》2030 年农业用水为 10.01 亿

m³，现状农业用水已经超过《松花江和辽河流域水资源综合规划》4.61亿 m³。吉林省农业呈逐年递增趋势，虽然现状年农业用水没有超出《水资源综合规划》2030 年农业需水成果，但根据国家的农业政策和实际的需求，未来吉林省还将建设于青灌区、骑马灌区、张敏灌区等大型灌区，用水需求也将大幅度增加。

本次水量分配需水预测成果采用《拉林河流域综合规划》需水预测成果，到 2030 年拉林河总需水量为 30.13 亿 m³，其中生活需水量 1.57亿 m³，工业需水量为 1.47 亿 m³，农业需水量为 26.96 亿 m³。现状年用水量与各水平年河道外需水量见表 6.1－3。

表 6.1－3　　拉林河流域现状年用水量与各水平年河道外需水量

省份	水平年	生活 /亿 m³	工业 /亿 m³	农业 /亿 m³	生态 /亿 m³	合计 /亿 m³
黑龙江	2013 年	0.48	1.1	14.62	0.02	16.22
	2020 年	0.63	0.74	14.33	0.05	15.75
	2030 年	0.69	0.61	14.25	0.05	15.6
吉林	2013 年	0.39	0.66	7.67	0.01	8.73
	2020 年	0.8	0.67	10.93	0.07	12.47
	2030 年	0.88	0.86	12.71	0.08	14.53
拉林河流域	2013 年	0.87	1.76	22.29	0.03	24.95
	2020 年	1.43	1.41	25.26	0.12	28.22
	2030 年	1.57	1.47	26.96	0.13	30.13

6.1.2.2　河道内生态环境需水量

河道内生态环境需水是指为维持河道生态与环境功能所需要的水量。本次水量分配主要计算成果是最小生态环境需水量，最小生态环境需水量指能够保证水体的基本功能，维持水体生态情况不持续恶化所需要的水量。

磨盘山水库断面最小生态流量采用国家环保总局《〈哈尔滨市磨盘山水库供水工程环境影响报告书〉批复意见》（环审〔2002〕192 号）文中的最小下泄流量。拉林河出口断面汛期和非汛期最小生态流量计算采用蔡家沟水文站 1956—2000 年天然流量，按照 Q_p 法、Tennant 法计算。汛期取 Q_p 法、Tennant 法 20% 外包，非汛期（不包括冰冻期）取 Q_p 法、Tennant 法 10% 外包。友谊坝断面汛期和非汛期最小生态流量计算按照相同方法对蔡家沟站成果采用面积比法折算。综合上下游成果协调性和磨盘山水库放流保障，友谊坝、拉林河出口断面冰冻期最小生态流量与磨盘山水库断面最小生态流量保持一致。当枯水期的天然流量小于上述控制流量时，按天然流量下泄。拉林河流域各控制断面最小生态流量计算结果见表 6.1-4。

表 6.1-4　拉林河流域各控制断面最小生态流量计算结果　单位：m^3/s

控制断面	冰冻期 （12 月至次年 3 月）	非汛期 （4—5 月、10—11 月）	汛期 （6—9 月）
磨盘山水库	0.50	0.50	0.50
友谊坝	0.50	9.08	18.16
拉林河出口	0.50	11.23	22.46

注　天然流量小于上述控制流量时，按天然流量下泄。

6.2　水资源配置

6.2.1　资源配置工程

拉林河流域规划建设中型蓄水工程 2 座，大型引水工程 2 处，引松济拉工程（引松入扶、引松入榆）2030 年调水 3.7 亿 m^3。

6.2.2　不同行业水资源配置

2020 年拉林河流域水资源配置量为 22.66 亿 m^3，其中，生活水资源配置量为 1.43 亿 m^3，工业水资源配置量为 1.22 亿 m^3，农业水资源配置量为 19.95 亿 m^3，河道外生态建设水资源配置量为 0.06 亿 m^3，分别占河道外水资源配置总量的 6.49%、5.57%、87.66% 和 0.28%。

2030 年拉林河流域水资源配置量为 26.43 亿 m^3，其中，生活水资源配置量为 1.57 亿 m^3，工业水资源配置量为 1.44 亿 m^3，农业水资源配置量为 23.29 亿 m³，河道外生态建设水资源配置量为 0.13 亿 m³，分别占河道外水资源配置总量的 6.10%、5.72%、87.67% 和 0.51%。基本保障居民生活水平提高、经济发展和环境改善的需水要求。不同水平年不同行业水资源配置情况详见表 6.2-1。

表 6.2-1　拉林河流域不同水平年不同行业水资源配置

省份	年份	城乡水资源配置/亿 m³		分行业水资源配置/亿 m³				合计/亿 m³
		城镇	农村	生活	工业	农业	生态	
黑龙江	2020	1.01	11.93	0.63	0.64	11.62	0.05	12.94
	2030	1.14	12.68	0.69	0.61	12.47	0.05	13.82
吉林	2020	1.38	8.34	0.8	0.58	8.33	0.01	9.72
	2030	1.57	11.04	0.88	0.83	10.82	0.08	12.61
拉林河流域	2020	2.39	20.27	1.43	1.22	19.95	0.06	22.66
	2030	2.71	23.72	1.57	1.44	23.29	0.13	26.43

6.2.3　不同水源水资源配置

2020 年拉林河流域河道外水资源配置总量 22.66 亿 m³，水资源配置总耗损量 20.13 亿 m³。2030 年拉林河流域河道外水资源配置总量 26.43 亿 m³，水资源配置总耗损量 19.42 亿 m³，详见表 6.2-2。

表 6.2-2　拉林河流域多年平均水资源配置量、耗损量

省份	年份	水资源配置量/亿 m³			调出/亿 m³	水资源配置总耗损量/亿 m³
		本地	外调	小计		
黑龙江	2020	12.94		12.94	3.17	12.81
	2030	13.82		13.82	3.17	13.01
吉林	2020	9.72		9.72		7.32
	2030	8.91	3.7	12.61		6.41
拉林河流域	2020	22.66		22.66	3.17	20.13
	2030	22.73	3.7	26.43	3.17	19.42

2020 年拉林河流域地表水配置量为 15.70 亿 m³，地下水配置量为
6.96 亿 m³。2030 年拉林河流域地表水配置量为 21.05 亿 m³，其中外调
水量为 3.70 亿 m³，地下水配置量为 5.38 亿 m³。拉林河流域多年平均
水资源配置水源组成表详见表 6.2 - 3。

表 6.2 - 3　拉林河流域多年平均水资源配置水源组成表

省份	水平年	地表水/亿 m³		地下水/亿 m³	合计/亿 m³
		总计	其中调入		
黑龙江	2020 年	9.28		3.66	12.94
	2030 年	10.22		3.60	13.82
吉林	2020 年	6.42		3.30	9.72
	2030 年	10.83	3.70	1.78	12.61
拉林河流域	2020 年	15.70		6.96	22.66
	2030 年	21.05	3.70	5.38	26.43

6.3　流域用水总量控制指标

依据国务院批复的《全国水资源综合规划（2010—2030 年）》，以
《水资源综合规划》为基础，按照实行最严格水资源管理制度的要求，以
促进水资源节约保护和合理配置为目标，统筹协调区域间利益关系、现
状用水变化情况和未来发展需求、水资源开发利用和生态环境保护等关
系，制定拉林河流域和省级行政区用水总量控制指标。

根据《水资源综合规划》以及《松辽流域用水总量控制指标》成果，
拉林河流域 2030 年用水总量控制指标为 19.87 亿 m³，其中黑龙江省用水
总量控制指标为 10.19 亿 m³，吉林省用水总量控制指标为 9.68 亿 m³，拉
林河流域水量分配既要尽最大可能服务流域内两省经济社会发展，又要满
足整个松花江流域经济社会发展和生态环境保护的要求。经分析论证，仅
考虑拉林河流域生态环境保护需求，2030 年拉林河流域用水总量为 26.43
亿 m³，比《水资源综合规划》水资源配置量 19.87 亿 m³ 增加 6.56 亿 m³。

本次拉林河的 2030 年用水总量控制指标分配给黑龙江省超出《水资
源综合规划》成果 3.63 亿 m³，吉林省用水总量超出《水资源综合规划》

成果 2.93 亿 m³，由于拉林河流域地处松花江干流哈尔滨控制断面以上，承担着部分哈尔滨航运和河道内生态流量的任务，因此，为了满足松花江流域各业用水需求，松花江（哈尔滨以上）各省原有用水总量应维持不变，黑龙江、吉林两省在提出核减松花江流域（哈尔滨以上）本省其他区域的用水总量控制指标调整方案情况下，可调增本省拉林河流域用水量不超过 3.63 亿 m³、2.93 亿 m³。

2030 年拉林河流域用水总量控制指标为 26.43 亿 m³，黑龙江省用水总量为 13.82 亿 m³，吉林省用水总量为 12.61 亿 m³。拉林河流域用水总量控制指标成果详见表 6.3-1。

表 6.3-1　　拉林河流域用水总量控制指标成果

省份	水平年	地表水/亿 m³	地下水/亿 m³	合计/亿 m³
黑龙江	2020 年	9.28	3.66	12.94
	2030 年	10.22	3.60	13.82
吉林	2020 年	6.42	3.30	9.72
	2030 年	10.83	1.78	12.61
拉林河流域	2020 年	15.70	6.96	22.66
	2030 年	21.05	5.38	26.43

6.4　可分配水量计算

6.4.1　拉林河流域可分配水量

《水量分配暂行办法》（水利部令第 32 号）第二条规定：水量分配是对水资源可利用总量或者可分配的水量向行政区域进行逐级分配，确定行政区域生活、生产可消耗的水量份额或者取用水水量份额。可分配的水量是指在水资源开发利用程度已经很高或者水资源丰富的流域和行政区域或者水流条件复杂的河网地区以及其他不适合以水资源可利用总量进行水量分配的流域和行政区域，按照方便管理、利于操作和水资源节约与保护、供需协调的原则，统筹考虑生活、生产和生态与环境用水，确定的用于分配的水量。

《水量分配方案制订技术大纲（试行稿）》规定，本次流域水量分配方案制订工作中的分配水量是本流域地表水可分配水量，是指在控制流域内各省级行政区地下水合理开采的前提下，按照本流域用水总量控制目标，依据水资源配置方案，以地表水资源可利用量为控制，在保障河道内生态环境用水要求的基础上，确定的可用于河道外分配的本流域地表水最大水量份额，可用水量和耗损量的口径表述。

根据《水量分配暂行办法》和《水量分配方案制订技术大纲（试行稿）》，结合流域实际，拉林河流域水量分配方案的制订以地表水用水量为主，同时提出地表水耗损量及主要控制断面下泄水量。

流域水量分配的对象是本流域的地表水；水量分配方案制订不包括调入本流域的水量，但包括本流域调出的水量。

根据本次水量分配方案编制的技术大纲对流域地表水可分配水量的定义，可分配水量的确定必须对流域水量边界条件有明确的界定，包括流域河道内生态环境用水的保证情况、地下水开发利用与其他水源利用情况和跨流域调水情况。

6.4.1.1 河道内需水保障情况

河道内生态环境需水是指为维持河道生态与环境功能所需要的水量。本次水量分配主要计算成果是最小生态环境需水量，最小生态环境需水量指能够保证水体的基本功能，维持水体生态情况不持续恶化所需要的水量。

磨盘山水库断面最小生态流量采用国家环保总局（现生态环境部）《〈哈尔滨市磨盘山水库供水工程环境影响报告书〉批复意见》（环审〔2002〕192 号）中的最小下泄流量。拉林河出口断面汛期和非汛期最小生态流量计算采用蔡家沟水文站 1956—2000 年天然流量，按照 Q_p 法、Tennant 法计算。汛期取 Q_p 法、Tennant 法 20％外包，非汛期（不包括冰冻期）取 Q_p 法、Tennant 法 10％外包。友谊坝断面汛期和非汛期最小生态流量计算按照相同方法对蔡家沟站成果采用面积比法折算。综合上下游成果协调性和磨盘山水库放流保障，友谊坝、拉林河出口断面冰冻期最小生态流量与磨盘山水库断面最小生态流量保持一致。当枯水期的天然流量小于上述控制流量时，按天然流量下泄。拉林河各控制断面最小生态流量计算结果见表 6.4－1。

表 6.4-1　拉林河流域各控制断面最小生态流量计算　　单位：m³/s

控制断面	非汛期		汛期(6—9月)
	冰冻期(12月至次年3月)	非冰冻期(4—5月、10—11月)	
磨盘山水库	0.50	0.50	0.50
友谊坝	0.50	9.08	18.16
拉林河出口	0.50	11.23	22.46

6.4.1.2　单站及工程点径流

1. 年径流成果

对牤牛河龙凤山水库、卡岔河亮甲山水库、磨盘山水库、五常站、蔡家沟站进行径流还原计算，得到天然径流系列。用水文比拟法计算友谊拦河坝及拉林河河口天然径流系列。对流域水文站及工程点 1956—2000 年系列进行设计年径流量计算，详见表 6.4-2。线型采用 P-Ⅲ型，C_s/C_v 采用 2.0，计算出各控制断面不同频率下设计年径流量。

表 6.4-2　　拉林河流域单站及工程点年径流量

单站名称	统计参数			设计年径流量/万 m³			
	年均径流量/万 m³	C_v	C_s/C_v	20%	50%	75%	95%
牤牛河龙凤山水库	75532	0.37	2.0	97512	72133	55290	36180
磨盘山水库	55563	0.29	2.0	68453	54007	44006	31949
卡岔河亮甲山水库	5349	0.71	2.0	8109	4483	2557	942
五常站	160949	0.41	2.0	212271	152026	112964	69785
蔡家沟站	354088	0.46	2.0	479081	329302	235114	134908
友谊拦河坝	361332	0.44	2.0	483823	338206	245334	145255
拉林河河口	386695	0.45	2.0	520491	360786	259859	151198

2. 典型年径流年内分配

将拉林河流域水文站设计年径流量按典型年的月径流过程进行分配，偏丰年（20%）、平水年（50%）、偏枯年（75%）和枯水年（95%）的设计天然径流量的月分配见表 6.4-3。

表 6.4-3 拉林河流域水文站典型年及多年平均天然径流量月分配

天然径流量/万 m³

测站名称	典型年	1月	2月	3月	4月	5月	6月	7月	8月	9月	10月	11月	12月	全年
沈家营	偏丰年 (P=20%)	260	246	402	8030	11991	4895	9783	15668	10841	3071	1544	906	67637
	平水年 (P=50%)	276	312	383	9871	6442	5118	7282	10748	5524	4274	3049	941	54219
	偏枯年 (P=75%)	194	113	394	6407	12251	6915	3358	8822	3142	1607	1099	544	44847
	枯水年 (P=95%)	221	86	417	5110	6939	3517	5813	7748	1429	1237	598	278	33394
	多年平均	436	289	695	5649	8630	6945	10047	10867	4994	3848	2246	916	55563
四平山	偏丰年 (P=20%)	328	194	394	6057	9021	2927	5056	4685	2100	990	525	215	32491
	平水年 (P=50%)	247	124	283	4497	5022	1539	1451	6700	2550	1454	1299	463	25629
	偏枯年 (P=75%)	210	144	360	3954	1797	2046	1085	4144	2422	2143	1660	923	20887
	枯水年 (P=95%)	212	162	297	1176	3804	1668	1365	2928	1333	1245	825	152	15169
	多年平均	265	232	553	4016	6998	3861	3462	2327	2047	1293	829	472	26356
冲河桥(二)	偏丰年 (P=20%)	353	248	372	1806	3168	5403	6588	11247	2504	6886	2960	1046	42581
	平水年 (P=50%)	177	117	209	2839	3461	15299	3304	1866	1654	3290	1378	325	33920
	偏枯年 (P=75%)	374	407	342	2821	5653	1522	1669	4652	3020	4181	1379	1063	27083
	枯水年 (P=95%)	83	58	104	537	3224	1948	5682	2267	997	948	780	781	17410
	多年平均	141	120	408	5110	5909	2352	6495	7850	2339	1914	931	453	34022

续表

测站名称	典型年	天然径流量/万 m³												
		1月	2月	3月	4月	5月	6月	7月	8月	9月	10月	11月	12月	全年
龙凤山水库	偏丰年（P=20%）	885	608	1544	24485	17719	2712	3269	22087	8268	4423	4865	1140	92006
	平水年（P=50%）	786	528	965	14756	14945	5817	6645	18254	4323	1340	1361	557	70277
	偏枯年（P=75%）	749	724	374	5529	7413	3638	7307	15306	4172	4692	3630	2037	55572
	枯水年（P=95%）	58	23	46	2251	6760	4073	12028	7073	1847	1706	1612	852	38328
	多年平均	381	251	451	6109	7453	32834	7119	4005	3553	7064	2987	698	72905
磨盘山水库	偏丰年（P=20%）	260	246	402	8030	11991	4895	9783	15668	10841	3071	1544	906	67637
	平水年（P=50%）	276	312	383	9871	6442	5118	7282	10748	5524	4274	3049	941	54219
	偏枯年（P=75%）	194	113	394	6407	12251	6915	3358	8822	3142	1607	1099	544	44847
	枯水年（P=95%）	221	86	417	5110	6939	3517	5813	7748	1429	1237	598	278	33394
	多年平均	436	289	695	5649	8630	6945	10047	10867	4994	3848	2246	916	55563
舒兰（二）	偏丰年（P=20%）	42	27	169	4577	2392	2403	14148	5977	1065	848	616	136	32400
	平水年（P=50%）	35	20	79	2990	1651	583	4812	4338	5915	1226	609	142	22400
	偏枯年（P=75%）	39	16	92	1469	904	6444	1998	1627	851	1006	1469	185	16100
	枯水年（P=95%）	45	25	908	1161	2033	1088	754	2176	696	264	172	78	9400
	多年平均	64	38	554	2896	2025	2339	5401	6094	2397	1289	727	215	24039

续表

| 测站名称 | 典型年 | 天然径流量/万 m³ | | | | | | | | | | | | |
		1月	2月	3月	4月	5月	6月	7月	8月	9月	10月	11月	12月	全年
平安	偏丰年（P=20%）	81	52	327	8886	4643	4666	27466	11603	2068	1646	1197	265	62900
	平水年（P=50%）	69	39	155	5834	3220	1137	9387	8463	11540	2392	1188	276	43700
	偏枯年（P=75%）	76	31	179	2874	1768	12608	3909	3183	1665	1968	2874	365	31500
	枯水年（P=95%）	88	49	1778	2273	3979	2130	1475	4259	1362	518	337	152	18400
	多年平均	124	74	1077	5634	3940	4551	10507	11856	4663	2508	1415	419	46768
老街基（二）	偏丰年（P=20%）	60	30	58	3658	3099	808	2922	1238	658	197	88	65	12882
	平水年（P=50%）	49	32	764	1738	828	511	2195	674	616	353	371	308	8438
	偏枯年（P=75%）	20	15	69	514	723	715	815	1318	397	451	557	133	5728
	枯水年（P=95%）	30	12	38	318	1013	295	104	131	230	631	140	48	2989
	多年平均	11	5	15	345	378	410	1084	3063	1498	1789	593	68	9258
五常	偏丰年（P=20%）	1502	1273	1579	15343	9573	8556	23876	93859	42108	6614	4066	1683	210032
	平水年（P=50%）	996	545	3472	16810	10618	8427	81341	15430	6328	5576	2526	829	152897
	偏枯年（P=75%）	682	422	2183	10281	12574	15463	24909	15683	10466	12139	8073	2523	115397
	枯水年（P=95%）	213	137	853	5095	12677	10257	24583	14749	2291	1014	897	624	73391
	多年平均	306	191	694	7086	24137	49314	30978	29457	10113	4503	3082	1082	160944

续表

测站名称	典型年	天然径流量/万 m³												
		1 月	2 月	3 月	4 月	5 月	6 月	7 月	8 月	9 月	10 月	11 月	12 月	全年
榆树	偏丰年（P=20%）	112	75	102	185	144	278	12406	3618	1485	613	352	125	19495
	平水年（P=50%）	0	0	2	68	86	268	1939	6412	1035	754	205	38	10807
	偏枯年（P=75%）	12	9	107	416	480	237	2733	1000	636	328	151	3	6112
	枯水年（P=95%）	120	50	50	119	285	271	171	371	349	119	135	160	2200
	多年平均	26	22	205	180	1399	1014	2619	6106	695	287	101	312	12966
大碾子沟（二）	偏丰年（P=20%）	764	762	3024	10146	9107	6566	17345	55512	46358	32892	10233	2870	195580
	平水年（P=50%）	2954	1918	1165	5138	14976	44166	40714	13731	10008	5301	2294	1133	143499
	偏枯年（P=75%）	1316	1093	750	14270	11184	12532	12342	14243	29603	6726	3738	1384	109181
	枯水年（P=95%）	1831	973	1133	9475	24026	2694	3611	14371	6130	3149	3108	690	71192
	多年平均	990	723	1851	16550	19148	15192	26970	36654	16321	9356	4962	1970	150686
亮甲山水库	偏丰年（P=20%）	58	39	53	96	75	144	6427	1874	769	318	183	64	10100
	平水年（P=50%）	0	0	1	35	44	137	987	3263	527	384	104	18	5500
	偏枯年（P=75%）	6	5	53	204	236	116	1342	491	312	161	73	1	3000
	枯水年（P=95%）	54	23	23	54	130	123	78	169	159	54	61	72	1000
	多年平均	13	11	105	92	718	520	1344	3134	357	147	52	163	6656
蔡家沟（三）	偏丰年（P=20%）	855	730	631	63360	84078	30060	24297	100144	107409	38060	16201	9024	474850
	平水年（P=50%）	97	5	2790	9555	41182	92155	79464	55948	29730	12460	6315	2820	332520
	偏枯年（P=75%）	60	691	9379	28226	33694	26718	20600	58647	40974	15271	7299	1609	243168
	枯水年（P=95%）	458	217	2607	15142	36400	18388	26518	25519	9094	5987	3897	1681	145907
	多年平均	1308	808	3481	28904	42332	35820	64560	95868	44805	21253	11116	3833	354088

6.4.1.3　重要引调水工程情况

现状调出工程 1 处，为磨盘山水库引水，多年平均调出水量为 3.17 亿 m³。2030 年规划调入工程 2 处，为引松入扶、引松入榆（统称为引松济拉工程），多年平均调水量为 3.70 亿 m³。引松济拉 2030 年引水过程详见表 6.4-4。

表 6.4-4　　　　引松济拉 2030 年引水过程表　　　　单位：万 m³

工程	1 月	2 月	3 月	4 月	5 月	6 月	7 月	8 月	9 月	10 月	11 月	12 月	合计
引松入扶	29	29	29	35	1675	2160	2160	2160	1635	29	29	29	10000
引松入榆	481	481	481	502	3045	6834	5182	5182	3096	751	481	481	27000
合计	510	510	510	537	4720	8994	7342	7342	4731	780	510	510	37000

6.4.1.4　地下水水源配置情况

拉林河流域地下水可开采量为 8.93 亿 m³。2013 年地下水供水量 7.41 亿 m³。根据拉林河流域用水总量控制成果，2030 年拉林河流域地下水供水量为 5.38 亿 m³，开发利用量小于平原区可开采量。2030 年拉林河流域地下水开采率为 60.24%，实现浅层地下水不超采、深层承压水不开采的目标。

6.4.1.5　拉林河流域地表水可分配水量确定

按照《水量分配方案制订技术大纲（试行稿）》，根据拉林河流域可利用量、水资源配置成果和用水总量控制指标合理确定流域的地表水可分配水量。

（1）拉林河流域地表水可利用量 17.40 亿 m³，拉林河流域地表水允许耗损量为 17.40 亿 m³。

（2）水资源配置成果：2020 年多年平均情况下，可分配的地表水量为 18.87 亿 m³，地表水允许耗损量 16.99 亿 m³。2030 年多年平均情况下，可分配的地表水量为 20.52 亿 m³，地表水允许耗损量 17.40 亿 m³。

（3）拉林河流域用水总量控制指标采用水资源配置成果。

在保证河道内生态环境用水的条件下，协调上下游用水关系，以流域用水总量控制指标作为上限，通过长系列供需平衡分析调算，按拉林河流域出口处天然来水量，提出拉林河流域50％、75％、90％来水频率和多年平均情况下水量分配方案，详见表6.4－5和表6.4－6。

表 6.4－5　　　　　拉林河流域地表水可分配取用水量表

水平年	频率	本地地表水用水量 /亿 m³	调出 /亿 m³	地表水可分配水量 /亿 m³
2020 年	50％	14.88	3.17	18.05
	75％	17.44	3.17	20.61
	90％	10.24	3.17	13.41
	多年平均	15.70	3.17	18.87
2030 年	50％	15.44	3.17	18.61
	75％	19.00	3.17	22.17
	90％	10.49	3.17	13.66
	多年平均	17.35	3.17	20.52

表 6.4－6　　　　　拉林河流域地表水可分配耗水量表

水平年	频率	本地地表水耗损量 /亿 m³	调出 /亿 m³	地表耗损量 /亿 m³
2020 年	50％	12.06	3.17	15.23
	75％	15.22	3.17	18.39
	90％	8.30	3.17	11.47
	多年平均	13.82	3.17	16.99
2030 年	50％	12.66	3.17	15.83
	75％	15.58	3.17	18.75
	90％	8.60	3.17	11.77
	多年平均	14.23	3.17	17.40

6.4.2 河道外水量分配方案

6.4.2.1 地表水取用水量

2020 年多年平均条件下，拉林河流域地表水总分配水量为 18.87 亿 m³，其中，调出流域的水量为 3.17 亿 m³，本流域地表水分配水量为 15.70 亿 m³。本流域地表水分配水量中分配给黑龙江省为 9.28 亿 m³，占 59%，分配给吉林省为 6.42 亿 m³，占 41%。2020 年拉林河流域地表水分配方案见表 6.4 - 7。

表 6.4 - 7　　　　　2020 年拉林河流域地表水分配方案

省份	频率	地表水分配水量/亿 m³		
		本流域	调出	总量
黑龙江	50%	8.60	3.17	11.77
	75%	10.00	3.17	13.17
	90%	6.23	3.17	9.40
	多年平均	9.28	3.17	12.45
吉林	50%	6.28		6.28
	75%	7.44		7.44
	90%	4.01		4.01
	多年平均	6.42		6.42
拉林河流域	50%	14.88	3.17	18.05
	75%	17.44	3.17	20.61
	90%	10.24	3.17	13.41
	多年平均	15.70	3.17	18.87

2030 年多年平均条件下，拉林河流域地表水总分配水量为 20.52 亿 m³，其中，流域调出的水量为 3.17 亿 m³，本流域地表水分配水量为 17.35 亿 m³。本流域地表水分配水量中分配给黑龙江省为 10.22 亿 m³，占 59%，分配给吉林省为 7.13 亿 m³，占 41%。2030 年拉林河流域地表水分配方案见表 6.4 - 8。

表 6.4 - 8　　　　　　　2030 年拉林河流域地表水分配方案

省份	频率	地表水分配水量/亿 m³		
		本流域	调出	总量
黑龙江	50%	9.14	3.17	12.31
	75%	10.93	3.17	14.10
	90%	6.48	3.17	9.65
	多年平均	10.22	3.17	13.39
吉林	50%	6.30		6.30
	75%	8.07		8.07
	90%	4.01		4.01
	多年平均	7.13		7.13
拉林河流域	50%	15.44	3.17	18.61
	75%	19.00	3.17	22.17
	90%	10.49	3.17	13.66
	多年平均	17.35	3.17	20.52

6.4.2.2　地表水允许的耗损量估算

根据规划水平年分行业用水情况及耗损率，估算得到与本流域地表水可分配量相应的地表水允许耗损量。本流域地表水耗损量不包括调入水量的耗损量。

2020 年多年平均条件下，流域本地地表水允许耗损量为 13.82 亿 m³，加上调出的 3.17 亿 m³，流域总耗损量为 16.99 亿 m³。2030 年多年平均条件下，流域本地地表水允许耗损量为 14.23 亿 m³，加上调出水量 3.17 亿 m³，流域 2030 年多年平均总耗损量为 17.40 亿 m³。本流域内黑龙江省地表水允许耗损量为 11.55 亿 m³，吉林省地表水允许耗损量为 5.85 亿 m³。各水平年不同频率来水条件下地表水耗损量见表 6.4 - 9 和表 6.4 - 10。

表 6.4 - 9   **2020 年拉林河流域地表水允许耗损量**

省份	频率	地表水耗损量/亿 m³		
		本流域	调出	总量
黑龙江	50%	6.97	3.17	10.14
	75%	8.7	3.17	11.87
	90%	5.05	3.17	8.22
	多年平均	8.12	3.17	11.29
吉林	50%	5.09		5.09
	75%	6.52		6.52
	90%	3.25		3.25
	多年平均	5.70		5.70
拉林河流域	50%	12.06	3.17	15.23
	75%	15.22	3.17	18.39
	90%	8.30	3.17	11.47
	多年平均	13.82	3.17	16.99

表 6.4 - 10   **2030 年拉林河流域地表水允许耗损量**

省	频率	地表水耗损量/亿 m³		
		本流域	调出	总量
黑龙江	50%	7.49	3.17	10.66
	75%	8.96	3.17	12.13
	90%	5.31	3.17	8.48
	多年平均	8.38	3.17	11.55
吉林	50%	5.17		5.17
	75%	6.62		6.62
	90%	3.29		3.29
	多年平均	5.85		5.85
拉林河流域	50%	12.66	3.17	15.83
	75%	15.58	3.17	18.75
	90%	8.6	3.17	11.77
	多年平均	14.23	3.17	17.40

6.4.3　水量核定及下泄水量控制方案

6.4.3.1　水量核定

通过用户取水及断面监测结合用水调查统计的方法进行水量核定。

6.4.3.2　下泄水量控制方案

根据拉林河流域河流水系及行政区分布特点、水文站网布设、控制性工程分布情况以及流域水资源管理和调度的要求，选择磨盘山水库、友谊坝和拉林河出口 3 个断面为下泄水量控制断面。磨盘山水库断面监测拉林河流域磨盘山水库以上来水情况，友谊坝断面监测友谊坝以上用水情况，拉林河流域出口断面控制整个流域用水情况。

根据拉林河流域水文水资源特点，结合重大水利工程、省界控制断面情况，通过对拉林河出口断面处天然来水量排频，确定不同保证率下拉林河流域各断面下泄量。

多年平均条件下，2020 年磨盘山水库断面控制下泄水量为 1.14 亿 m³，友谊坝控制下泄水量为 23.12 亿 m³，拉林河出口断面控制下泄水量为 21.68 亿 m³。2030 年磨盘山水库断面控制下泄水量为 0.94 亿 m³，友谊坝控制下泄水量为 22.66 亿 m³，拉林河出口断面控制下泄水量为 21.27 亿 m³。拉林河流域 2020 年、2030 年各控制断面下泄水量详见表 6.4 - 11。

表 6.4 - 11　拉林河流域控制断面下泄水量控制指标

水平年	断面名称	来水频率	下泄水量/亿 m³
2020 年	磨盘山水库	50%	0.55
		75%	0.49
		90%	0.20
		多年平均	1.14
	友谊坝	50%	20.69
		75%	13.50
		90%	11.48
		多年平均	23.12

水平年	断面名称	来水频率	下泄水量/亿 m³
2020 年	拉林河出口	50%	18.22
		75%	8.54
		90%	7.97
		多年平均	21.68
2030 年	磨盘山水库	50%	0.16
		75%	0.16
		90%	0.16
		多年平均	0.94
	友谊坝	50%	19.01
		75%	12.85
		90%	10.61
		多年平均	22.66
	拉林河出口	50%	18.02
		75%	8.43
		90%	7.94
		多年平均	21.27

6.5 水量分配方案合理性分析

6.5.1 与用水总量控制指标符合程度分析

拉林河流水量分配既要尽最大可能地服务流域内两省经济社会发展，又要满足整个松花江流域经济社会发展和生态环境保护的要求。经分析论证，仅考虑拉林河流域生态环境保护需求，2030 年拉林河流域用水总量为 26.43 亿 m³，比《水资源综合规划》水资源配置量 19.87 亿 m³ 增加 6.56 亿 m³。2030 年拉林河的用水总量控制指标分配给黑龙江用水总量超出《水资源综合规划》成果 3.63 亿 m³；吉林省用水总量超出《水资源综合规划》成果 2.93 亿 m³，由于拉林河流域地处松花江干流哈尔滨控制断面以上，承担着部分哈尔滨航运和河道内生态流量的任务，因此，为了满足松花江流域各业用水需求，松花江（哈尔滨以上）各省原有用水总量应维持不变，黑龙江在提出核减松花江流域（哈尔滨以上）本省其他区域的用水总量控制指标调整方案情况下，可调增本省拉林河流域用水量不超过 3.63 亿 m³；吉林省在提出核减松花江流域（哈尔滨以上）本省其他区域的用水总量控制指标调整方案情况下，可调增本省拉林河流域用水量不超过 2.93 亿 m³。

从整体上看，拉林河流域水量分配方案地表水取用水量 2020 年为 18.87 亿 m³，2030 年为 20.52 亿 m³，各水平年均未超出拉林河流域用水总量控制指标。水量分配方案与用水总量控制指标相协调，为实现最严格的水资源管理制度奠定基础，符合《国务院关于实行最严格水资源管理制度的意见》（国发〔2012〕3 号）的要求。

6.5.2　流域水资源开发利用程度分析

拉林河流域多年平均情况下地表水资源量为 38.67 亿 m³。本次水量分配 2030 年本流域内地表水分配水量为 17.35 亿 m³，考虑向外流域调出水量 3.17 亿 m³（磨盘山水库引水工程）的影响，流域地表水资源开发利用程度为 53.06%。由于拉林河位于哈尔滨断面以上，属于水资源供需矛盾突出区域，且规划水平年的地表水开发利用程度基本接近《水资源综合规划》估算的松花江流域地表水资源开发利用程度上限，为保障流域水资源及经济社会的可持续发展，不宜再进一步提高地表水开发利用程度。

6.5.3　河道内最小生态流量满足程度

2030 年流域出口断面多年平均下泄水量为 21.27 亿 m³。规划水平年各控制断面下泄流量能够满足最小生态流量指标要求。拉林河流域各断面下泄过程详见图 6.5-1～图 6.5-3。

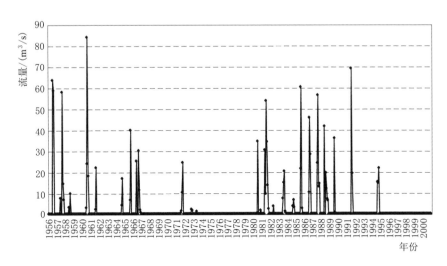

图 6.5-1　2030 年拉林河流域磨盘山水库断面下泄过程线

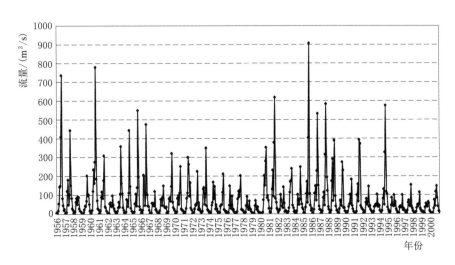

图 6.5-2　2030 年拉林河流域友谊坝断面下泄过程线

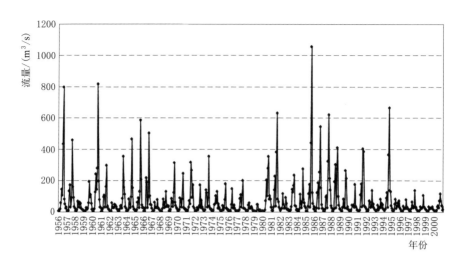

图 6.5－3　2030 年拉林河流域拉林河出口断面下泄过程线

6.6　水资源调度与管理

6.6.1　水库调度意见

　　拉林河流域需要通过水利工程合理调度，统筹河道内和河道外用水，协调、平衡各区域用水需求，保障流域整体供水安全和维持流域河湖生态健康。拉林河流域年度调度应当依据拉林河流域水量分配方案和年度预测来水量、水库蓄水量，按照多年调节水库蓄丰补枯的原则，在综合平衡申报的年度用水计划建议和水库运行计划建议的基础上制订。

　　拉林河流域现有大型水库 3 座，分别为龙凤山水库、磨盘山水库和亮甲山水库。依据水库调度方案，根据各省用水需求，预测当年来水量，编制年度调度计划并印发实施，汛期过后，根据实际来水情况、水库蓄水和发电情况，对枯水期的调度计划进行合理调整，并实行月度调度方案和实时调度指令相结合的调度方式，发挥枢纽自身经济效益。

　　黑龙江省和吉林省人民政府水行政主管部门负责所辖范围内的水库调度。必要时，流域管理机构可以对有关省所辖范围内的水库下达实时调度指令。

6.6.1.1　磨盘山水库供水调度原则

磨盘山水库兴利调度主要考虑哈尔滨市城市供水和下游农田灌溉补水，由于哈尔滨市城市供水保证率与灌溉保证率不同，故设两条控制线进行调度，即采用"两线三区"调度原则。

灌溉防破坏线以上为正常供水区（Ⅰ），各部门按所需的水量正常供水；灌溉防破坏线以下至城市供水防破坏线以上为灌溉用水消减区（Ⅱ），城市用水按需水量正常供水，农田灌溉用水消减供水；城市供水防破坏线以下为城市供水消减供水区（Ⅲ），哈尔滨城市用水按需水量的80％供水，农业停止供水。磨盘山水库调度线及调度图见表6.6-1及图6.6-1。

表 6.6-1　　　　　　磨盘山水库调度线　　　　　　单位：m

供水区	1月	2月	3月	4月	5月	6月	7月	8月	9月	10月	11月	12月
Ⅰ	318	318	318	318	318	318	317	317	318	318	318	318
Ⅱ	300	303	303	303	310	300	300	300	300	300	300	300
Ⅲ	299	302	302	302	306.5	299	299	299	299	299	299	299

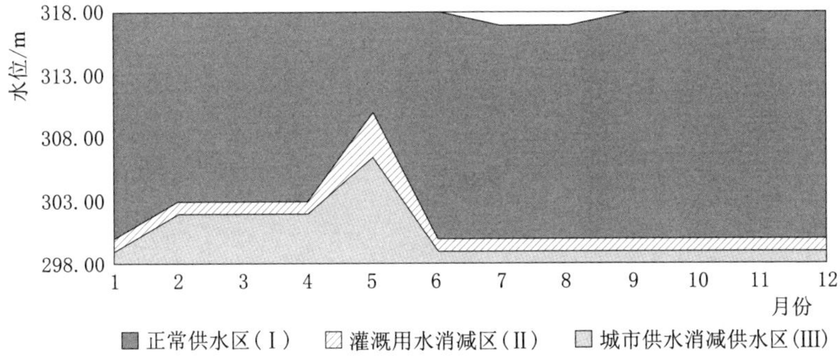

图 6.6-1　磨盘山水库调度图

6.6.1.2　龙凤山水库和亮甲山水库供水调度原则

龙凤山水库和亮甲山水库以最大限度地提供灌溉用水为目标，当库水位高于死水位时，水库正常供水；非特殊情况，水库水位不得消落至死水位。

6.6.2　水资源调度管理

拉林河流域及支流对省际以及整个流域用水产生重大影响的水库，应根据流域管理需要纳入流域统一调度。各省级人民政府水行政主管部门所辖范围内的重要水库年度调度计划应由松辽委批准后实施。

第 7 章

水量分配方案保障措施

7.1　组织保障

建立松花江流域水资源调度联席会议制度，实行首席代表和副代表制度。松辽委、各省人民政府水行政主管部门任命首席代表各 1 人，作为松花江流域水资源调度的首席代表，松辽委由主管水资源工作的副主任担任，省人民政府水行政主管部门由水利厅主管水资源工作的厅领导担任；松辽委、各省人民政府水行政主管部门任命副代表各 1 人，由松辽委及相关省人民政府水行政主管部门负责水资源管理工作的具体负责人组成，松辽委副代表由水资源管理处处长担任，各省副代表由水利厅水（政水）资源（节水）处处长担任。联席会议由松辽委根据工作需要定期或不定期召集，相关省人民政府水行政主管部门首席代表或副代表参加，旨在通报和研究解决流域水资源调度工作中的重大情况和问题，参加联席会议各方达成共识并组织实施。流域水资源调度工作办公室设在松辽委水资源管理处，承担水资源调度日常事务，负责与相关省相关事宜的联系沟通。

联席会议通报和研究解决的主要内容包括：①负责水资源调度方案组织编制与实施，主要包括编制现有工程条件下近期水资源调度方案、年度水量分配方案、年度水资源调度计划、应急调度方案和年度水资源

157

调度计划调整及评估；②负责协调省际水资源调度出现的矛盾和纠纷；③负责水资源调度相关制度的制定，包括水资源调度监督管理、取用水实时监控及信息共享等相关制度；④其他确需联席会议解决的流域水资源调度工作的重大情况和问题。

首席代表负责流域重大水问题的协商和决定，流域水资源调度工作办公室负责日常工作，各省参与调度方案编制与制订及与本省其他行业信息沟通，负责省内水资源调度方案落实监督及信息上报。

7.2 机制保障

（1）建立水资源调度方案制订机制。拉林河流域大型水库年度调度计划由水库管理部门编制后，应上报流域水资源调度工作办公室，经联席会议组织审定、审批后方可实施。

（2）建立应急调度协商机制。出现严重干旱或重大水污染事故等情况时，松辽委召集应急水资源调度联席会议，商各省人民政府水行政主管部门编制应急调度方案并组织实施。各省人民政府水利、电力、交通等相关部门和主要水利工程管理单位应按照联席会议纪要，积极配合流域水资源调度工作办公室执行应急调度方案。

（3）建立水资源调度信息共享机制。建立流域水资源调度管理信息共享平台，建立信息上报制度，各省年度取水计划、大型水库年度调度计划、流域雨水情、重要工程蓄泄水情况、重要用水户取退水等实时信息应及时上传信息平台，实现信息共享，实行公开、透明的水资源阳光调度。

（4）建立水资源调度监督机制。水资源调度计划执行由松辽委负责组织监督和评估，各省人民政府水行政主管部门应对省内取用水进行监督管理，严格落实年度取用水计划，流域水资源调度工作办公室应将水资源调度执行情况和评估结果向各省水行政主管部门通报。

（5）加强水资源节约利用。将水量分配方案的实施纳入地方经济社会发展规划和生态环境保护规划，按照确定的水量份额，优化产业布局，合理配置水资源，实行用水总量控制。落实节水优先方针，强化用水需求管理，加大农业节水力度，提高用水效率；强化工业节水减排和服务业节水，增强公众节水意识，促进水资源高效利用，建设节水型社会。

（6）加大水资源保护力度。统筹协调流域内水资源平衡，维护湿地的生态用水需求。严格考核问责，防止挤占生态用水。加强入河排污口和水功能区监督管理，全面推行水功能区限制纳污总量控制，有效控制工业、城镇生活和农业污染物入河量。严格饮用水水源保护，切实保障供水安全。加快流域水源涵养和水生态修复。加强水功能区和省界断面水质监测，提高应对突发性重大水污染事件的处置能力。

7.3　技术保障

为更好地保障拉林河流域水量分配方案服务于流域水资源管理，应加快流域水量分配方案实时监控系统建设。抓紧制定拉林河流域水资源监测、用水计量与统计等管理办法，健全相关技术标准体系。为保证控制断面下泄水量控制指标能够实现，对大型灌区和重要引水工程等取用水户的取退水应进行实时监控，并考虑与流域内各省的取用水户取退水远程实时监控系统连接，建成覆盖全流域的取用水户取退水远程实时监控系统。

针对流域水量分配过程中流域水资源控制断面、重要取用水户的监控，制订实施水量分配监控方案，主要内容应包括监控体系建设、运行和维护管理办法、监控站点监控和信息上报、预警方案和调控措施、管理单位和监控对象权责等。

7.4　制度保障

水量分配方案经批准后，应制定拉林河流域水资源调度管理办法，确定松辽委及各省水行政主管部门各方在拉林河流域水资源调度中的义务和职责，明确流域水资源调度联席会议章程，规范水资源调度及其管理工作；建立完善的水资源调度联席会议、首席代表、信息共享及监督管理等制度。

生态流量保障
实施方案篇

第8章

生态流量保障方案总论

8.1 编制目的

《中华人民共和国水法》第四条提出:"开发、利用、节约、保护水资源和防治水害,应当全面规划、统筹兼顾、标本兼治、综合利用、讲求效益,发挥水资源的多种功能,协调好生活、生产经营和生态环境用水。"第二十一条提出:"开发、利用水资源,应当首先满足城乡居民生活用水,并兼顾农业、工业、生态环境用水以及航运等需要。在干旱和半干旱地区开发、利用水资源,应当充分考虑生态环境用水需要。"《中华人民共和国水污染防治法》第二十七条也明确:"国务院有关部门和县级以上地方人民政府开发、利用和调节、调度水资源时,应当统筹兼顾,维持江河的合理流量和湖泊、水库以及地下水体的合理水位,保障基本生态用水,维护水体的生态功能。"

2020年4月水利部印发《水利部关于做好河湖生态流量确定和保障工作的指导意见》(水资管〔2020〕67号)。依据有关政策法规和技术要求,按照水利部总体部署和工作安排,松辽委组织开展拉林河生态流量保障实施方案工作,按照"定断面、定目标、定保证率、定管理措施、定预警等级、定监测手段、定监管责任"的要求,结合拉林河流域综合规划、水量分配方案、水量调度方案，制定生态流量保障实施方案，明确河流生态流量保障要求。

8.2　编制依据

8.2.1　法律法规及规章

（1）《中华人民共和国水法》。

（2）《中华人民共和国环境保护法》。

（3）《中华人民共和国水污染防治法》。

（4）《取水许可管理办法》。

8.2.2　规范及技术标准

（1）《河湖生态环境需水计算规范》（SL/Z 712—2014）。

（2）《水电工程生态流量计算规范》（NB/T 35091—2016）。

（3）《河湖生态修复与保护规划编制导则》（SL 709—2015）。

（4）《河湖生态需水评估导则（试行）》（SL/Z 479—2010）。

8.2.3　指导文件

（1）《中共中央　国务院关于加快推进生态文明建设的意见》（中发〔2015〕12 号）。

（2）《国务院关于印发水污染防治行动计划的通知》（国发〔2015〕17 号）。

（3）《水利部关于做好跨省江河流域水量调度管理工作的意见》（水资源〔2018〕144 号）。

（4）《水利部办公厅关于开展河湖生态流量（水量）研究工作的通知》（办资源〔2018〕137 号）。

（5）《水利部办公厅关于印发 2019 年重点河湖生态流量（水量）研究及保障工作方案的通知》（办资管〔2019〕4 号）。

（6）《关于印发 2019 年重点河湖生态流量（水量）保障实施方案编制及实施有关技术要求的通知》（水总研二〔2019〕328 号）。

（7）《水利部关于做好河湖生态流量确定和保障工作的指导意见》（水资管〔2020〕67 号）。

（8）《水利部办公厅关于做好 2020 年重点河湖生态流量保障目标确定工作的通知》（办资管〔2020〕132 号）。

8.2.4　有关规划及技术文件

（1）《松花江和辽河流域水资源综合规划》（国函〔2010〕118 号）。

（2）《松花江流域综合规划（2012—2030 年）》（国函〔2013〕38 号）。

（3）《拉林河流域水量分配方案》（水资源函〔2018〕15 号）。

8.3　基本原则

（1）尊重自然、科学合理。尊重河流自然规律与生态规律，按照河湖水资源条件、生态功能定位与保护修复要求，结合现阶段经济社会发展实际，把水资源作为最大的刚性约束，严格控制河湖开发强度，科学合理地确定河流生态流量（水量）目标。

（2）问题导向、讲求实用。针对目前河流生态流量（水量）和水资源调配管理工作中的薄弱环节和实际问题，把保障河流生态流量（水量）同控制流域水资源开发利用规模与强度、水资源合理配置、流域水量调度管理和生态保护等需求相结合，确保成果能够直接服务于水资源调配与生态流量监管的实际工作。

（3）统筹兼顾、生态优先。兼顾上下游、左右岸和有关地区之间的利益，合理调度水资源，统筹生活、生产、生态用水，优先满足城乡生活、河道内生态用水，处理好水资源开发与保护的关系，严格控制水资源开发强度，保障河流基本生态用水，维护河流生态安全。

（4）落实责任、强化监管。明确生态流量（水量）控制断面保障责任主体，落实生态流量保障情况主体责任，依法加强生态流量（水量）监测管理，强化工作措施，严格监督考核和问责，确保生态流量（水量）目标落到实处。

8.4　控制断面

8.4.1　考核断面

　　根据《水利部办公厅关于印发 2019 年重点河湖生态流量（水量）研究及保障工作方案的通知》（办资管〔2019〕34 号），结合重要生态敏感区和保护对象分布等因素，兼顾生态问题断面和生态良好断面，综合考虑《松花江和辽河流域水资源综合规划》《松花江流域综合规划（2012—2030 年）》《拉林河流域水量分配方案》《拉林河流域水量调度方案》等成果中已经明确生态流量（水量）要求的控制断面，以及重要生态敏感区等断面，综合流域上下游协调、生态保护对象用水需求，结合拉林河水资源及其开发利用、水量调度管理等情况，《拉林河流域水量分配方案》中确定磨盘山水库、友谊坝和拉林河出口 3 个断面为流域水量分配控制断面，由于友谊坝附近新建省界水文站牛头山站，将牛头山站替代友谊坝控制断面，拉林河出口断面没有建站条件，采用距流域出口上游85km 的蔡家沟水文站作为控制断面。因此拉林河流域生态流量保障实施方案确定 3 个控制断面，分别为磨盘山水库、牛头山水文站（友谊坝）和蔡家沟水文站。拉林河流域考核断面基本情况见表 8.4－1。

表 8.4－1　　　　　　　　拉林河流域考核断面基本情况

控制断面	断面性质	断 面 位 置
磨盘山水库	水库	黑龙江省五常市沙河子乡沈家营村
牛头山水文站（友谊坝）	省界断面	吉林省榆树市大岭镇义山村
蔡家沟水文站	把口站	吉林省扶余市蔡家沟镇

8.4.2　管理断面

　　本次选取对考核断面生态流量保障具有重要、直接关系的控制断面作为管理断面，主要包括拉林河出口、友谊坝上游以及磨盘山水库下游干流已建并有取水许可的重要灌区，管理断面共计 6 个。拉林河流域管理断面基本情况见表 8.4－2。

表 8.4－2　　　　　拉林河流域管理断面基本情况

取水枢纽	现状灌溉面积 /万亩	批复取水量 /万 m³	现状取水量 /万 m³	监测情况
沙河子灌区渠首	2	2250	1400	取水泵站估算计量
向阳山灌区渠首	2.81	2107.5	1972.87	取水泵站估算计量
民乐灌区渠首	2.85	2640	1995	取水泵站估算计量
友谊灌区渠首	10.5	14397.1	10986	取水泵站估算计量
延青灌区渠首	1.95	1950	1300	取水泵站估算计量
拉林灌区渠首	3.1	8900	4600	取水泵站估算计量

8.5　生态保护对象

　　拉林河生态保护需求类型主要为鱼类及其生境。水生态保护与修复的重点保护区域为吉林扶余洪泛湿地自然保护区和黑龙江拉林河口自然保护区。

　　吉林扶余洪泛湿地自然保护区主要保护对象为洪泛平原湿地和野生珍稀濒危鸟类东方白鹳、丹顶鹤、大鸨等，黑龙江拉林河口自然保护区主要保护对象为松嫩平原湿地系统保护珍稀濒危野生动植物物种。

第 9 章

生态流量保障方案

9.1 生态流量目标及确定

9.1.1 资源演变情势分析

9.1.1.1 年际变化

径流系列的年际变化特征常采用变差系数 C_v、年极值比 ρ 和不均匀系数 C_u 来表示。变差系数 C_v 反映了径流过程的相对变化程度，C_v 越大，离散程度越大，表明径流系列的年际丰枯变化越强烈，对水资源开发利用不利；极值比 ρ 为径流系列最大观测值与最小观测值的比值，ρ 值反映了径流系列两个极端值的倍数关系，显示了径流系列多年变化的幅度，ρ 值变大，说明径流系列的幅度越大；不均匀系数 C_u 为径流系列多年平均值与最大观测值的比值，C_u 反映了径流系列年际变化的不均匀程度，C_u 越接近 1，说明该径流系列年际变化越均匀。

对蔡家沟水文站 1956—2010 年共 45 年的天然径流资料进行分析计算，得到蔡家沟水文站径流的年际变化特征，详见表 9.1-1。

蔡家沟水文站多年平均径流量为 35.41 亿 m^3，径流系列的变差系数为 0.43，极值比为 5.01，不均匀系数为 0.50，从变差系数、径流极值比和不均匀系数的计算结果表明蔡家沟水文站径流系列年际间丰枯变化较大，年际变化幅度较大且不均匀。

表 9.1-1　　　　蔡家沟水文站径流年际变化特征值表

名称	多年平均径流量/万 m³	最大来水年		最小来水年		变差系数 C_v	极值比 ρ	不均匀系数 C_u
		年份	径流/万 m³	年份	径流量/万 m³			
蔡家沟	354090	1960	710696	1979	141824	0.43	5.01	0.50

9.1.1.2　年内分配

拉林河流域属中温带大陆性气候区，降水季节性变化大。径流以降水补给为主，受降水影响，径流的年内分配亦不均匀，主要集中在汛期6—9月，占全年径流的80％，最大径流量一般出现在8月，7—8月径流占全年的56％左右。蔡家沟水文站径流量年内分配情况见表9.1-2。蔡家沟水文站1956—2000年径流量年内变化见图9.1-1。

表 9.1-2　　　　　蔡家沟水文站径流量年内分配情况

系列	多年平均径流量/万 m³	流量/(m³/s)	6—9月汛期径流/万 m³	占年径流	7—8月月径流/万 m³	占年径流
1956—2000	354090	112	241044	68％	160422	45％

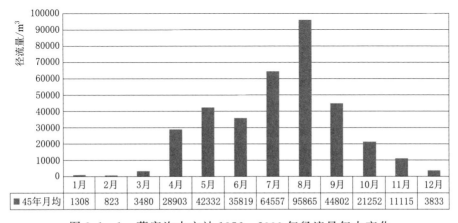

图 9.1-1　蔡家沟水文站1956—2000年径流量年内变化

9.1.2 系列代表性分析

《拉林河流域水量分配方案》对拉林河流域 1956—2000 年的径流系列进行了代表性分析，分析结果表明其具有较好的代表性。

为满足本次生态流量目标确定的要求，统计了蔡家沟考核断面天然径流 1980—2016 年（短系列）与 1956—2000 年（长系列）多年平均径流量，1980—2016 年与 1956—2000 年天然多年平均径流量相比，蔡家沟水文站断面多年平均径流量减少 3.76%，变化幅度小于 10%，考虑到与《拉林河流域水量分配方案》的一致性，本方案生态流量计算采用 1956—2000 年天然径流系列。详见表 9.1-3。

表 9.1-3 拉林河考核断面不同系列天然多年平均径流量对比表

断　面	径流系列	统计年数/年	平均径流量/万 m³
蔡家沟水文站	1956—2000 年	45	354090
	1980—2016 年	37	340765
	短系列与长系列相差/%		-3.76

9.1.3 确定的主要原则

《松花江和辽河流域水资源综合规划》《松花江流域综合规划（2012—2030 年）》《拉林河流域水量分配方案》等成果中明确生态流量的重要河流及其主要控制断面，补充完善有关生态流量指标值，并结合近年来水资源禀赋条件变化，对已有指标值进行复核。

主要控制断面的生态流量按照以下原则分析计算：

（1）已有成果已经明确生态流量的断面，原则上采用已有成果。磨盘山水库、友谊坝和拉林河出口断面已明确生态基流和基本生态环境需水量，且生态基流计算天然径流系列为 1956—2000 年。考虑到与已有成果的一致性，本方案生态流量计算原则上采用 1956—2000 年天然径流系列。

（2）根据确定的主要控制断面的生态流量，按照河流水系的完整性，统筹协调上下游、干支流，确定河流水系的生态流量。

9.1.4 生态流量（水量）目标

1. 已有成果确定的控制断面生态流量

系统整理了《松花江和辽河流域水资源综合规划》（国函〔2010〕118 号）（以下简称"水资源综合规划"）、《松花江流域综合规划（2012—2030 年）》（国函〔2012〕222 号）（以下简称"流域综合规划"）及《拉林河流域水量分配方案》（水资源函〔2018〕15 号）等成果，由于拉林河为水资源四级区，因此水资源综合规划和流域综合规划阶段没有明确生态基流。《拉林河流域水量分配方案》（以下简称"水量分配"）确定了磨盘山水库、友谊坝和拉林河出口 3 个断面冰冻期、汛期和非汛期的生态基流。

磨盘山水库各分期采用《哈尔滨市供水工程有限责任公司磨盘山水库供水工程取水许可申请准予水行政管许可决定书》（松辽许可〔2010〕53 号）成果，2020 年水库环境供水量 0.131 亿 m^3，最小下泄流量 0.5 m^3/s；友谊坝和拉林河出口断面冰冻期采用已批复的《哈尔滨市供水工程有限责任公司磨盘山水库供水工程取水许可申请准予水行政管许可决定书》成果，非汛期采用 Tennant 法 10%，汛期采用 Tennant 法 20%。详见表 9.1-4。

表 9.1-4 《拉林河流域水量分配方案》确定的主要控制
断面最小生态流量 单位：m^3/s

断面名称	冰冻期 （12 月至次年 3 月）	非汛期 （4—5 月、10—11 月）	汛期 （6—9 月）
磨盘山水库	0.50	0.50	0.50
友谊坝	0.50	9.08	18.16
拉林河出口	0.50	11.23	22.46

2. 长系列实测可达性分析

根据水量分配批复的各断面生态基流成果，折算对应的基本生态环境需水量。蔡家沟水文站断面 1980—2016 年 37 年实测成果均 100% 满足批复生态基流对应的最小生态环境需水量。通过对 37 年实测月径流量以及实测日径流量分析，实测月径流量各分期均满足水量分配确定的生态

基流 90％要求，37 年系列日径流量冰冻期和非汛期生态基流满足程度为
99％和 93％，汛期满足程度为 84％。详见表 9.1-5。

表 9.1-5 蔡家沟水文站断面 1980—2016 年系列
实测径流量保证程度

系 列	水量分配确定的生态流量			统计方法	保证程度/％		
	冰冻期	非汛期	汛期		冰冻期	非汛期	汛期
水量分配批复生态流量/(m³/s)	0.5	11.23	22.46	实测日均流量	99	93	84
				实测月均流量	100	97	91
批复生态流量对应的水量/m³	525	11800	23600	实测水量	100	100	100

3. 生态流量（水量）目标确定

根据《2019 年重点河湖生态流量（水量）保障实施方案编制及实施
有关技术要求的通知》要求，生态基流评价及考核时长应为日，即根据
日平均流量满足程度和破坏深度确定考核结果。因此本次生态流量保障
实施方案牛头山水文站（友谊坝）断面和蔡家沟水文站断面生态流量目
标在长系列月流量满足批复的生态基流基础上，对日考核生态流量目标
进行调整，冰冻期和非汛期成果仍采用水量分配批复成果，汛期采用
Tennant 法 10％控制。

基本生态环境需水量采用水量分配批复的各断面生态基流对应的水
量成果，详见表 9.1-6。

表 9.1-6 主要控制断面生态基流目标

控制断面	生态基流/(m³/s)			基本生态环境需水量/万 m³		
	冰冻期（12 月至次年 3 月）	非汛期（4—5 月、10—11 月）	汛期（6—9 月）	冰冻期（12 月至次年 3 月）	非汛期（4—5 月、10—11 月）	汛期（6—9 月）
磨盘山水库	0.5	0.5	0.5	525	525	525
牛头山水文站（友谊坝）	0.5	9.08	9.08	525	9540	19080
蔡家沟水文站	0.5	11.23	11.23	525	11800	23600

4. 生态流量目标保证率

生态流量目标设计保证率：主要控制断面生态基流满足程度一般应达到 90% 以上，基本生态环境需水量满足程度一般应达到 75% 以上。

9.1.5 生态流量保障现状

9.1.5.1 评价方法

（1）生态基流：采用 1980—2016 年 37 年长系列逐日实测流量进行评价，满足程度为各分期 37 年逐日实测流量达到或超过生态基流的日数与各分期 37 年实测总日数的比值。

（2）基本生态环境需水量：采用 1980—2016 年 37 年长系列实测径流进行评价，满足程度为各分期 37 年实测径流量达到或超过基本生态环境需水量的年数与实测总年数的比值。

9.1.5.2 评价结果

1. 磨盘山水库

磨盘山水库于 2010 年建成，磨盘山水库实测数据从 2014 年开始相对连续完整，系列较短，实测数据代表性不强。该水库的导流洞有能力下泄 0.5~1m³/s 的生态流量。因此，为保障下游生态用水需求，磨盘山水库应严格按照全年日平均流量不小于 0.5m³/s 的指标进行下泄。当遇到水库达到死水位且水库来水量不足 0.5m³/s 情况时，生态流量按照水库来水量进行下泄。

2. 牛头山水文站

牛头山水文站 2019 年建成，暂时无完整连续实测资料。

3. 蔡家沟水文站

根据 1980—2016 年 37 年系列实测径流成果分析，蔡家沟断面冰冻期生态基流满足程度为 99%，非汛期生态基流满足程度为 93%，汛期生态基流满足程度为 92%（表 9.1-7）。各期均满足生态基流目标保证率。

表 9.1-7　蔡家沟水文站生态基流（水量）满足情况表

考核断面名称	生态基流满足程度			基本生态环境需水量满足程度			
	冰冻期	非汛期	汛期	冰冻期	非汛期	汛期	全年值
蔡家沟水文站	99%	93%	92%	100%	100%	100%	100%

9.2　生态流量调度

9.2.1　调度及管控工程

为保障磨盘山水库、牛头山水文站（友谊坝）和蔡家沟水文站断面生态流量下泄满足目标要求，纳入调度和管控的蓄水工程为磨盘山水库，取水口工程共 6 处，即沙子河灌区渠首、向阳山灌区渠首、民乐灌区渠首、友谊灌区渠首、延青灌区渠首和拉林灌区渠首。

9.2.2　调度规则

将磨盘山水库、牛头山水文站（友谊坝）和蔡家沟水文站断面生态流量保障纳入拉林河水量调度，在年度水量调度计划实施过程中，满足生态流量管控要求。

水量调度按照拉林河年度水量调度计划执行。年度水量调度计划制订时应充分考虑保障磨盘山水库、牛头山水文站（友谊坝）和蔡家沟水文站断面生态流量目标的需要，加强用水需求管理，在确保生活和生产用水同时，保障磨盘山水库、牛头山水文站（友谊坝）和蔡家沟水文站断面生态基流。

水量调度应服从防洪调度，区域水量调度应服从流域水量调度，供水、灌溉等工程运行调度应服从水量统一调度。

9.2.3　控制性工程调度方案

拉林河流域无序取水情况较为严重，在册的万亩以上灌区实际灌溉用水量占流域农田灌溉用水量的比例不到 60%。因此，该流域涉及吉林省和黑龙江省各地市首先应大力加强对无证取水户的监管，完善相关规章制度，摸清大小取水口的取用水量。

（1）拉林河干流的磨盘山水库工程：严格按照现有调度方案进行调度，枯水期严格按照日平均流量不小于 $0.5\mathrm{m^3/s}$ 进行下泄。当遇到水库达到死水位且水库来水量不足 $0.5\mathrm{m^3/s}$ 情况时，按照水库来水量进行下泄。磨盘山水库以上用水以不超过批复水量份额为准，按需取水。

（2）牛头山水文站（友谊坝）断面：磨盘山水库至牛头山水文站（友谊坝）区间两省内各用水户取水，应严格按照《黑龙江省·吉林省关于解决双城·榆树·扶余三县引拉工程用水问题的会议纪要》中的分水办法取水。

（3）蔡家沟水文站断面：牛头山水文站（友谊坝）至蔡家沟水文站区间两省各用水户用水以不超过批复水量份额为准，按要求正常取用水。

（4）流域所有拦河闸不得将河道水流全部拦截，需要预留下泄出口，保证河道内水流贯通。

9.2.4 河道外用水管理

正常来水情况下，磨盘山水库、牛头山水文站（友谊坝）和蔡家沟水文站断面生态流量可基本达标，松辽委组织黑龙江和吉林两省水利厅按照拉林河年度水量调度计划确定的分配水量进行管控，严格各控制断面以上取水口的取水管理，加强水文断面流量监测。

当遇特枯水年或连续枯水年时，根据断面以上来水、区间产水，考虑控制断面的生态基流指标要求，对断面以上取水口按计划取水量同比例压减，保障磨盘山水库、牛头山水文站（友谊坝）和蔡家沟水文站断面生态基流。涉及河道外取水的管理断面管控要求如下：

沙河子灌区渠首、向阳山灌区渠首、民乐灌区渠首、延青灌区渠首采用自流取水方式取水，友谊灌区渠首和拉林灌区渠首采用拦河闸取水，正常年份取水不得超过批复水量，拦河闸不能将拉林河干流全部拦截，须预留河水下泄出口保证河流畅通，当遇特枯水年或连续枯水年时，须对灌区取水进行削减，削减比例按照年度调度计划和应急调度指令确定。拉林河流域主要取水工程概化图见图 9.2-1。

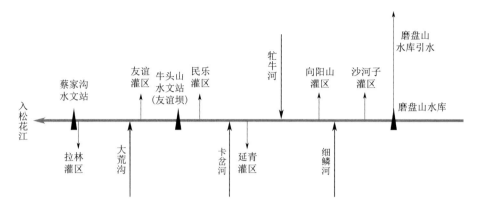

图 9.2 - 1　拉林河流域主要取水工程概化图

9.2.5　常规调度管理

9.2.5.1　年度水量调度计划编制及备案

拉林河年度水量调度计划由松辽委组织编制。黑龙江和吉林两省区水利厅负责组织汇总本省区用水户和工程管理单位的年度用水计划建议，并向松辽委报送相关资料。松辽委应根据拉林河流域水量分配方案和年度预测来水量，按照水量分配与调度原则，在综合平衡年度用水计划建议和工程运行计划建议的基础上，制定下达年度水量调度计划并报水利部备案。

黑龙江和吉林两省根据松辽委下达的年度水量调度计划，组织辖区内水量调度，结合径流预报情况，严格取用水管理，强化工程调度，确保断面流量达到规定的控制指标。

拉林河年度调度计划的调度期为当年 4 月 1 日至次年 3 月 31 日，调度步长以旬为单位，采用年调度计划与月、旬水量调度计划和实时调度指令相结合的调度方式。

9.2.5.2　实时调度指令制定及下达

密切跟踪监视拉林河水情、雨情、墒情、旱情及引水等情况，预测其发展趋势，根据需要在拉林河年度水量调度计划基础上下达实时调度指令，控制取水口引水，确保磨盘山水库、牛头山水文站（友谊坝）和蔡家沟水文站断面生态基流达标。

9.2.6　应急调度预案

松辽委制订拉林河流域水量应急调度预案并组织实施。当遇特枯水、连续枯水年时，统筹流域内"三生"（生产、生活、生态）用水，优先保障城乡居民基本生活用水，切实保障河道生态基流。

黑龙江省和吉林省水行政主管部门按照规定的权限和职责，开展拉林河流域相应辖区内水量应急调度；引水工程运行管理单位服从拉林河流域水资源统一调度和管理；各类河道外取水户按照要求削减取用水量，确保磨盘山水库、牛头山水文站（友谊坝）和蔡家沟水文站断面生态基流达标。

9.3　生态流量监测及预警方案

9.3.1　监测方案

9.3.1.1　监测对象

本方案以考核断面为监测重点，兼顾管理断面的监测。

1. 重点监测断面

磨盘山水库运行管理单位为哈尔滨市水务局，由哈尔滨市水务局承担磨盘山水库的水量监测任务；牛头山水文站建成后为松辽委管理水文站，由松辽委水文局承担水量监测任务；蔡家沟水文站作为拉林河流域出口的把口站，由吉林省水文局承担水量监测任务。

磨盘山水库、牛头山水文站（友谊坝）和蔡家沟水文站水情信息报送应严格执行《水情信息编码标准》（SL 330—2011），按要求报送每日流量。各站应加强对拍报内容的校核和对本测站水位-流量关系曲线进行复核，实测流量资料应在及时校核后拍报，切实做到"四随四不"，提高拍报质量和精度。

各站应保证信息通道的正常运行，认真落实水情拍报应急措施，保障全年水情拍报质量和时效。

通过全国"水情信息交换系统"，实现松辽委及黑龙江、吉林两省关于磨盘山水库、牛头山水文站（友谊坝）和蔡家沟水文站断面每日流量等水情信息的共享，保证生态流量工作顺利开展。

拉林河流域考核断面监测数据来源情况见表9.3-1。

表9.3-1 拉林河流域考核断面监测数据来源情况

断面名称	断面性质	断面位置	监测数据来源	监测单位
磨盘山水库	其他	黑龙江省五常市沙河子乡沈家营村	磨盘山水库	黑龙江省哈尔滨市水务局
牛头山水文站（友谊坝）	省界断面	吉林省榆树市大岭镇义山村	牛头山水文站	松辽委水文局
蔡家沟水文站	把口站	吉林省扶余市蔡家沟镇	蔡家沟水文站（友谊坝）	吉林省水文局

2. 兼顾监测断面

兼顾监测断面为沙河子灌区渠首、向阳山灌区渠首、民乐灌区渠首、友谊灌区渠首、延青灌区渠首和拉林灌区渠首6个管理断面。管理断面为已建农业灌区取水口断面，各取水口应安装符合有关法规或者技术标准要求的取水计量设施，并保证设施正常使用和监测计量结果准确、可靠。

现状各管理断面无下泄水量监测设施，应尽快补建下泄水量监测设施，现阶段依托各取水口取水计量设施获取各管理断面取水量监测数据，进而分析计算管理断面下泄水量。

9.3.1.2 监测内容

为有效落实拉林河水量分配方案和水量调度方案中生态流量要求，保障拉林河生态环境良好状态，需要对磨盘山水库、牛头山水文站（友谊坝）和蔡家沟水文站断面进行监测，监测内容为磨盘山水库、牛头山水文站（友谊坝）和蔡家沟水文站断面冰冻期和非冰冻期的水位、流量。

9.3.1.3 监测方式

1. 重点监测断面

磨盘山水库、牛头山水文站（友谊坝）和蔡家沟水文站断面监测频次为日监测。流量如有较大波动变化，要按照实际情况加测。

2. 兼顾监测断面

沙河子灌区渠首、向阳山灌区渠首、民乐灌区渠首、友谊灌区渠首、延青灌区渠首和拉林灌区渠首断面，相应的取水口安装有取水计量设施，监测内容为实时流量，监测频次为日监测。

待各管理断面建设下泄水量监测设施后，管理断面监测内容为水位、流量，监测频次为日监测。流量如有较大波动变化，要按照实际情况加测。

9.3.1.4 报送流程

1. 重点监测断面

磨盘山水库为水库断面，牛头山水文站（友谊坝）和蔡家沟水文站断面为水文站断面，其下泄流量详细监测数据由监测单位通过全国"水情信息交换系统"实时报送松辽委。

2. 兼顾监测断面

沙河子灌区渠首、向阳山灌区渠首、民乐灌区渠首、友谊灌区渠首、延青灌区渠首和拉林灌区渠首断面取水流量详细监测数据由监测单位直接报送松辽委。已有数据平台等网络传送基础的，取用水监测计量信息应通过平台实时报送；尚未建立数据传送平台的，可采用工作信息专报（表）的形式报送。

9.3.2 预警方案

9.3.2.1 预警层级

综合考虑拉林河水资源及工程特点、监测能力、预警处置能力等，合理设置拉林河生态流量预警层级。磨盘山水库断面仅设置红色预警层级，牛头山水文站（友谊坝）和蔡家沟水文站断面设置两个生态流量预警层级，即蓝色预警和红色预警。

9.3.2.2 预警阈值

磨盘山水库红色预警阈值按生态流量目标值100％设置；牛头山水文站（友谊坝）和蔡家沟水文站断面蓝色预警阈值按照生态基流目标值

100%～110%设置,红色预警阈值按照生态基流目标值的 100%设置,拉林河流域考核断面预警层级与预警阈值见表 9.3-2。

表 9.3-2　　拉林河流域考核断面预警层级和预警阈值表　　单位:m³/s

断面名称	蓝 色 预 警			红 色 预 警		
	冰冻期 (12月至 次年3月)	非汛期 (4—5月、 10—11月)	汛期 (6— 9月)	冰冻期 (12月至 次年3月)	非汛期 (4—5月、 10—11月)	汛期 (6— 9月)
磨盘山水库				$Q<0.5$	$Q<0.5$	$Q<0.5$
牛头山水文站 (友谊坝)	$0.5{\leqslant}Q$ ${\leqslant}0.55$	$9.08{\leqslant}Q$ ${\leqslant}9.99$	$9.08{\leqslant}Q$ ${\leqslant}9.99$	$Q<0.5$	$Q<9.08$	$Q<9.08$
蔡家沟水文站	$0.5{\leqslant}Q$ ${\leqslant}0.55$	$11.23{\leqslant}Q$ ${\leqslant}12.35$	$11.23{\leqslant}Q$ ${\leqslant}12.35$	$Q<0.5$	$Q<11.23$	$Q<11.23$

注　表中 Q 为生态基流,单位为 m³/s。

9.3.2.3　预警措施

(1)流量日常监测。松辽委水文局、黑龙江省哈尔滨市水务局、吉林省水文水资源中心要加强各控制断面下泄流量日常监测以及监测数据收集、整理、分析、报送工作。

(2)信息报告。当磨盘山水库、牛头山水文站(友谊坝)和蔡家沟水文站下泄流量低至预警值时,监测单位应立即将有关情况报送监管责任主体。

(3)预警发布。监管责任主体通过电话、微信、当面告知等渠道或方式向考核断面保障责任主体及监测单位、沿河主要取水口管理单位发布预警信息。

(4)预警状态调整。监管责任主体与各考核断面监测单位保持密切联系,通过考核断面下泄流量监测信息调整预警状态,并及时告知保障责任主体及监测单位、沿河主要取水口管理单位。

(5)预警响应措施。结合磨盘山水库、牛头山水文站(友谊坝)和蔡家沟水文站断面以上来水情况以及取水工程情况,制定针对磨盘山水库、牛头山水文站(友谊坝)和蔡家沟水文站断面发生生态流量预警事件时相应的响应措施。

磨盘山水库断面是黑龙江省境内水库断面，水库承担着哈尔滨市供水的任务，年均供水量 3.17 亿 m^3。牛头山水文站（友谊坝）断面是黑龙江省和吉林省的界断面，断面以上汇入拉林河的较大支流有牤牛河、细鳞河和卡岔河。断面以上主要取水工程包括沙河子灌区渠首、向阳山灌区渠首、延青灌区渠首和拉林灌区渠首等。蔡家沟水文站断面是流域把口断面，断面以上主要取水工程包括友谊渠首、拉林灌区渠首。

1）磨盘山水库水文断面。磨盘山水库水文断面为控制性工程断面，当磨盘山水库断面预警层级为红色时，监管责任主体向保障责任主体发布红色预警，保障责任主体应在密切关注磨盘山水库出库流量的同时，根据水库来水和蓄水情况，加大放流至满足生态基流目标。

2）牛头山水文站（友谊坝）和蔡家沟水文站断面。牛头山水文站（友谊坝）断面为省界断面，蔡家沟水文站断面为拉林河把口站断面。当牛头山水文站（友谊坝）断面、蔡家沟水文站断面预警层级为蓝色时，监管责任主体应提醒保障责任主体控制沿河取水口取水量，尽量避免出现红色预警情况。当牛头山水文站（友谊坝）断面、蔡家沟水文站断面预警层级为红色时，监管责任主体向保障责任主体发布红色预警，保障责任主体管控沿河工农业生产用水取水，尽快解除该预警状态。

9.4 责任主体与考核要求

9.4.1 责任主体

9.4.1.1 保障责任主体

根据不同控制断面的性质，确定相应的保障责任主体，作为考核结果的追责对象。省内、省界、把口等断面保障责任主体原则上是断面以上的地方政府，主要通过上游河段河道外取用水管控来保障断面生态流量；考虑拉林河考核断面位置、断面性质、断面以上取水口取用水对断面生态流量保障的影响，明晰磨盘山水库、牛头山水文站（友谊坝）和蔡家沟水文站断面的生态流量保障责任主体。

磨盘山水库断面生态流量保障责任主体分别为哈尔滨市人民政府和

磨盘山水库管理局，牛头山水文站（友谊坝）断面生态流量保障责任主体分别为黑龙江省五常市人民政府、双城区人民政府和吉林省舒兰市人民政府、榆树市人民政府，蔡家沟水文站断面生态流量保障责任主体为吉林省扶余市人民政府、黑龙江省双城区人民政府。责任主体负责辖区内的水量调度工作，根据拉林河水量调度方案，加强辖区内用水总量控制，严格取水许可，确保磨盘山水库、牛头山水文站（友谊坝）和蔡家沟水文站断面生态基流。

9.4.1.2　监管责任主体

根据《取水许可和水资源费征收管理条例》，流域管理机构负责所管辖范围内取水许可制度的组织实施和监督管理。据此，确定磨盘山水库、牛头山水文站（友谊坝）和蔡家沟水文站断面生态流量监管责任主体为松辽委。

松辽委负责磨盘山水库、牛头山水文站（友谊坝）和蔡家沟水文站断面生态流量保障的监督检查，每年定期或不定期开展现场检查，密切跟踪水文断面流量，当发生生态流量预警事件时，组织实施应急调度。要落实监管责任，强化督查检查。拉林河流域生态流量考核断面责任见表 9.4-1。

表 9.4-1　　　拉林河流域生态流量考核断面责任表

断面名称	断面性质	保障方式	保障责任主体	监管责任主体
磨盘山水库	其他	磨盘山水库以上取水工程管控	哈尔滨市人民政府、磨盘山库管理局	松辽委
牛头山水文站（友谊坝）	省界断面	牛头山水文站断面以上取水工程管控	黑龙江省五常市人民政府、双城区人民政府，吉林省舒兰市人民政府、榆树市人民政府	松辽委
蔡家沟水文站	把口站	蔡家沟水文站断面以上取水工程管控	吉林省扶余市人民政府、黑龙江省双城区人民政府	松辽委

　　松辽委依托国家水资源监控平台等，以现场检查、台账查询、动态监控等方式，对控制断面生态流量进行监管。日常调度管理中，生态基流按日均流量监管，每月月初统计上月拉林河磨盘山水库、牛头山水文站（友谊坝）和蔡家沟水文站断面生态基流达标情况，并通报黑龙江、吉林两省。拉林河流域各断面生态基流达标情况见表 9.4 - 2。

表 9.4 - 2　　拉林河流域各控制断面生态基流达标情况

河　　流		拉　林　河		
主要控制断面		磨盘山水库	牛头山水文站（友谊坝）	蔡家沟水文站
冰冻期（12月至次年3月）	生态基流指标/(m³/s)	0.5	0.5	0.5
	最小流量/(m³/s)			
	未达标天数/d			
	发生时间			
非汛期（4—5月、10—11月）	生态基流指标/(m³/s)	0.5	9.08	11.23
	最小流量/(m³/s)			
	未达标天数/d			
	发生时间			
汛期（6—9月）	生态基流指标/(m³/s)	0.5	9.08	11.23
	最小流量/(m³/s)			
	未达标天数/d			
	发生时间			

9.4.2　考核评估

9.4.2.1　考核断面

　　确定磨盘山水库、牛头山水文站（友谊坝）和蔡家沟水文站断面作为拉林河生态基流保障考核断面。

9.4.2.2　考核评价办法

　　考核内容：生态基流。

　　评价时长：每年考核 1 次，考核评价时长为日。

评价指标：满足程度。

生态基流考核采用日均流量，按照当年实际来水情况进行考核。当发生来水偏枯及区域干旱、突发水污染等应急突发事件时或防汛调度期间，按有关规定执行。考核结果以日满足程度为依据。

日满足程度采用日均流量不小于生态基流的时段数占总时段数的比值进行计算。年实测日均流量监测样本总数为 365。

根据考核断面生态流量监测数据计算生态基流日满足程度，通过拉林河主要控制断面生态基流日满足程度的比较，对各控制断面的责任主体进行考核，考核结果划分为"合格"和"不合格"两个等级。生态基流的日满足程度不小于 90％时，等级为"合格"；生态基流的日满足程度小于 90％时，等级为"不合格"。拉林河流域各断面生态基流年度考核统计详见表 9.4-3。

表 9.4-3　　拉林河流域各断面生态基流年度考核统计表

河　　　流	拉　林　河		
水文断面	磨盘山水库	牛头山水文站（友谊坝）	蔡家沟水文站
生态基流指标/(m³/s)			
年度满足程度 — 总考核时段数	平年为 365，闰年为 366	平年为 365，闰年为 366	平年为 365，闰年为 366
总达标时段数			
未达标时段数			
满足程度/％			

注　表中流量为日均流量。生态基流指标详见表 9.4-2。

9.4.2.3　考核评价流程

拉林河生态基流保障考核工作，由松辽委按照水利部有关生态基流考核要求，结合最严格水资源管理制度考核，对拉林河生态基流保障目标落实情况进行考核。每年 12 月底前，将年度考核评价报告报送水利部。

除年度考核工作之外，松辽委每年定期或不定期组织开展日常监督检查工作，监督检查结果计入年度考核评价报告。年度考核等级为"合格"的控制断面，对相关保障责任主体予以通报表扬；年度考核"不合格"的控制断面，相关保障责任主体单位应根据实际情况分析控制断面生态流量不满足的原因，查找存在问题，提出整改措施，向松辽委提交书面报告。

第 10 章

生态流量保障方案保障措施

10.1　加强组织领导，落实责任分工

拉林河生态流量保障实施涉及的管理单位（部门）包括松辽委、黑龙江省人民政府、吉林省人民政府、沿河取水工程管理单位等。黑龙江、吉林两省人民政府应将拉林河生态流量保障作为推进生态文明建设、加强河湖生态保护和落实河长制的重点工作目标任务，按照拉林河生态流量保障实施方案，组织实施拉林河生态流量保障工作。根据生态流量保障工作目标和任务，明确各责任主体职责；各政府部门应落实主要领导负责制，加强组织领导，明确任务分工，逐级落实责任。

10.2　完善监管手段，推进监控体系建设

完善拉林河生态流量控制断面的监控站点建设，加强河流、断面水量监测，确保控制断面下泄流量符合规定的控制指标。加强拉林河生态流量控制断面站点布设与监控，更新完善监测设施，强化实时监控。加强拉林河生态流量应急调度监测监控与报送频次，提升数据的采集、无线传输技术能力。结合全国"水情信息交换系统"、取水工程（设施）核查登记信息等，通过网络互联、数据共享、程序调用等方式，建立生态

流量管控信息平台，实现预警信息实时报送。建议未来同步开展水环境监测，据此对生态流量保障实施工作效果进行评价。

10.3　健全工作机制，强化协调协商

完善水资源统一调度和配置制度，建立生态流量调度管理制度。在统一调度管理制度中明确各单位和部门的生态流量保障管理事权、生态流量调度计划等。建立信息共享制度，通过建立生态流量监控信息平台，实现拉林河生态流量保障相关数据和信息的交互和传递。

10.4　强化监督检查，严格考核问责

生态流量保障由松辽委负责组织监督和考核评估，各省人民政府水行政主管部门应对省内取用水进行监督管理，严格落实年度取用水计划。拉林河生态流量调度与监测预警管理协调小组应将主要控制断面生态流量保障情况向各省水行政主管部门、主要控制断面对应河段的河长通报。松辽委定期或不定期组织开展生态流量监督检查专项行动，对控制断面生态基流目标的满足情况进行检查督查，对存在的问题提出整改要求，并督促整改落实。

按照水利部有关生态流量考核要求开展拉林河生态流量保障考核评估工作，考核结果作为最严格水资源管理制度和河长制湖长制工作重要依据，建立生态流量保障考核制度体系。通过严格考核评估和监督，强化生态流量保障在最严格水资源管理制度和河长制湖长制工作中的地位，督促落实各级政府职责，确保拉林河生态流量保障工作落到实处。

参 考 文 献

［1］ 松辽水利委员会. 松花江和辽河流域水资源综合规划［R］，2010.
［2］ 松辽水利委员会. 松花江流域综合规划［R］，2013.